"十二五"国家重点出版规划项目

雷达与探测前沿技术丛书

# 数字阵列合成孔径雷达

## Digital Array Synthetic Aperture Radar

代大海　邢世其　王玺　庞礴　著

国防工业出版社

·北京·

# 内 容 简 介

本书以数字阵列合成孔径雷达(SAR)的高分辨对地侦察应用为背景,系统阐述了数字阵列 SAR 的发展历程和最新进展,着重研究了基于数字阵列 SAR 的三种新型成像模式:高分辨率宽测绘带 SAR(HRWS-SAR)成像、极化层析 SAR 三维成像和前视 SAR 成像。书中给出了大量的仿真实验、轨道实验和机载实验,结果印证了相关理论分析的正确性。

本书概括了数字阵列合成孔径雷达的最新进展,物理概念清晰,公式推导严谨、简明,大量内容都取材于作者团队处理的实测数据实验,理论联系实际,是一本新模式雷达领域前沿探索性著作。

本书的主要读者对象为从事雷达系统、微波遥感等领域研究、设计和应用的工程技术人员,可供广大从事雷达领域研究的研究生以及工程技术研究人员参考,同时也可作为高等院校相关专业研究生的教科书或参考书。

**图书在版编目(CIP)数据**

数字阵列合成孔径雷达 / 代大海等著. —北京:
国防工业出版社,2017.12
　(雷达与探测前沿技术丛书)
　ISBN 978 - 7 - 118 - 11465 - 2

Ⅰ. ①数… Ⅱ. ①代… Ⅲ. ①合成孔径雷达 - 研究
Ⅳ. ①TN958

中国版本图书馆 CIP 数据核字(2017)第 328917 号

※

*国防工業出版社*出版发行
(北京市海淀区紫竹院南路 23 号　邮政编码 100048)
天津嘉恒印务有限公司印刷
新华书店经售
*
开本 710×1000　1/16　印张 13¾　字数 226 千字
2017 年 12 月第 1 版第 1 次印刷　印数 1—3000 册　定价 59.00 元

**(本书如有印装错误,我社负责调换)**

国防书店:(010)88540777　　发行邮购:(010)88540776
发行传真:(010)88540755　　发行业务:(010)88540717

# 总　序

　　雷达在第二次世界大战中初露头角。战后，美国麻省理工学院辐射实验室集合各方面的专家，总结战争期间的经验，于1950年前后出版了一套雷达丛书，共28个分册，对雷达技术做了全面总结，几乎成为当时雷达设计者的必备读物。我国的雷达研制也从那时开始，经过几十年的发展，到21世纪初，我国雷达技术在很多方面已进入国际先进行列。为总结这一时期的经验，中国电子科技集团公司曾经组织老一代专家撰著了"雷达技术丛书"，全面总结他们的工作经验，给雷达领域的工程技术人员留下了宝贵的知识财富。

　　电子技术的迅猛发展，促使雷达在内涵、技术和形态上快速更新，应用不断扩展。为了探索雷达领域前沿技术，我们又组织编写了本套"雷达与探测前沿技术丛书"。与以往雷达相关丛书显著不同的是，本套丛书并不完全是作者成熟的经验总结，大部分是专家根据国内外技术发展，对雷达前沿技术的探索性研究。内容主要依托雷达与探测一线专业技术人员的最新研究成果、发明专利、学术论文等，对现代雷达与探测技术的国内外进展、相关理论、工程应用等进行了广泛深入研究和总结，展示近十年来我国在雷达前沿技术方面的研制成果。本套丛书的出版力求能促进从事雷达与探测相关领域研究的科研人员及相关产品的使用人员更好地进行学术探索和创新实践。

　　本套丛书保持了每一个分册的相对独立性和完整性，重点是对前沿技术的介绍，读者可选择感兴趣的分册阅读。丛书共41个分册，内容包括频率扩展、协同探测、新技术体制、合成孔径雷达、新雷达应用、目标与环境、数字技术、微电子技术八个方面。

　　（一）雷达频率迅速扩展是近年来表现出的明显趋势，新频段的开发、带宽的剧增使雷达的应用更加广泛。本套丛书遴选的频率扩展内容的著作共4个分册：

　　（1）《毫米波辐射无源探测技术》分册中没有讨论传统的毫米波雷达技术，而是着重介绍毫米波热辐射效应的无源成像技术。该书特别采用了平方千米阵的技术概念，这一概念在用干涉式阵列基线的测量结果来获得等效大口径阵列效果的孔径综合技术方面具有重要的意义。

（2）《太赫兹雷达》分册是一本较全面介绍太赫兹雷达的著作，主要包括太赫兹雷达系统的基本组成和技术特点、太赫兹雷达目标检测以及微动目标检测技术，同时也讨论了太赫兹雷达成像处理。

（3）《机载远程红外预警雷达系统》分册考虑到红外成像和告警是红外探测的传统应用，但是能否作为全空域远距离的搜索监视雷达，尚有诸多争议。该书主要讨论用监视雷达的概念如何解决红外极窄波束、全空域、远距离和数据率的矛盾，并介绍组成红外监视雷达的工程问题。

（4）《多脉冲激光雷达》分册从实际工程应用角度出发，较详细地阐述了多脉冲激光测距及单光子测距两种体制下的系统组成、工作原理、测距方程、激光目标信号模型、回波信号处理技术及目标探测算法等关键技术，通过对两种远程激光目标探测体制的探讨，力争让读者对基于脉冲测距的激光雷达探测有直观的认识和理解。

（二）传输带宽的急剧提高，赋予雷达协同探测新的使命。协同探测会导致雷达形态和应用发生巨大的变化，是当前雷达研究的热点。本套丛书遴选出协同探测内容的著作共 10 个分册：

（1）《雷达组网技术》分册从雷达组网使用的效能出发，重点讨论点迹融合、资源管控、预案设计、闭环控制、参数调整、建模仿真、试验评估等雷达组网新技术的工程化，是把多传感器统一为系统的开始。

（2）《多传感器分布式信号检测理论与方法》分册主要介绍检测级、位置级（点迹和航迹）、属性级、态势评估与威胁估计五个层次中的检测级融合技术，是雷达组网的基础。该书主要给出各类分布式信号检测的最优化理论和算法，介绍考虑到网络和通信质量时的联合分布式信号检测准则和方法，并研究多输入多输出雷达目标检测的若干优化问题。

（3）《分布孔径雷达》分册所描述的雷达实现了多个单元孔径的射频相参合成，获得等效于大孔径天线雷达的探测性能。该书在概述分布孔径雷达基本原理的基础上，分别从系统设计、波形设计与处理、合成参数估计与控制、稀疏孔径布阵与测角、时频相同步等方面做了较为系统和全面的论述。

（4）《MIMO 雷达》分册所介绍的雷达相对于相控阵雷达，可以同时获得波形分集和空域分集，有更加灵活的信号形式，单元间距不受 $\lambda/2$ 的限制，间距拉开后，可组成各类分布式雷达。该书比较系统地描述多输入多输出（MIMO）雷达。详细分析了波形设计、积累补偿、目标检测、参数估计等关键技术。

(5)《MIMO雷达参数估计技术》分册更加侧重讨论各类MIMO雷达的算法。从MIMO雷达的基本知识出发,介绍均匀线阵,非圆信号,快速估计,相干目标,分布式目标,基于高阶累计量的、基于张量的、基于阵列误差的、特殊阵列结构的MIMO雷达目标参数估计的算法。

(6)《机载分布式相参射频探测系统》分册介绍的是MIMO技术的一种工程应用。该书针对分布式孔径采用正交信号接收相参的体制,分析和描述系统处理架构及性能、运动目标回波信号建模技术,并更加深入地分析和描述实现分布式相参雷达杂波抑制、能量积累、布阵等关键技术的解决方法。

(7)《机会阵雷达》分册介绍的是分布式雷达体制在移动平台上的典型应用。机会阵雷达强调根据平台的外形,天线单元共形随遇而布。该书详尽地描述系统设计、天线波束形成方法和算法、传输同步与单元定位等关键技术,分析了美国海军提出的用于弹道导弹防御和反隐身的机会阵雷达的工程应用问题。

(8)《无源探测定位技术》分册探讨的技术是基于现代雷达对抗的需求应运而生,并在实战应用需求越来越大的背景下快速拓展。随着知识层面上认知能力的提升以及技术层面上带宽和传输能力的增加,无源侦察已从单一的测向技术逐步转向多维定位。该书通过充分利用时间、空间、频移、相移等多维度信息,寻求无源定位的解,对雷达向无源发展有着重要的参考价值。

(9)《多波束凝视雷达》分册介绍的是通过多波束技术提高雷达发射信号能量利用效率以及在空、时、频域中减小处理损失,提高雷达探测性能;同时,运用相位中心凝视方法改进杂波中目标检测概率。分册还涉及短基线雷达如何利用多阵面提高发射信号能量利用效率的方法;针对长基线,阐述了多站雷达发射信号可形成凝视探测网格,提高雷达发射信号能量的使用效率;而合成孔径雷达(SAR)系统应用多波束凝视可降低发射功率,缓解宽幅成像与高分辨之间的矛盾。

(10)《外辐射源雷达》分册重点讨论以电视和广播信号为辐射源的无源雷达。详细描述调频广播模拟电视和各种数字电视的信号,减弱直达波的对消和滤波的技术;同时介绍了利用GPS(全球定位系统)卫星信号和GSM/CDMA(两种手机制式)移动电话作为辐射源的探测方法。各种外辐射源雷达,要得到定位参数和形成所需的空域,必须多站协同。

（三）以新技术为牵引,产生出新的雷达系统概念,这对雷达的发展具有里程碑的意义。本套丛书遴选了涉及新技术体制雷达内容的6个分册:

（1）《宽带雷达》分册介绍的雷达打破了经典雷达5MHz带宽的极限,同时雷达分辨力的提高带来了高识别率和低杂波的优点。该书详尽地讨论宽带信号的设计、产生和检测方法。特别是对极窄脉冲检测进行有益的探索,为雷达的进一步发展提供了良好的开端。

（2）《数字阵列雷达》分册介绍的雷达是用数字处理的方法来控制空间波束,并能形成同时多波束,比用移相器灵活多变,已得到了广泛应用。该书全面系统地描述数字阵列雷达的系统和各分系统的组成。对总体设计、波束校准和补偿、收/发模块、信号处理等关键技术都进行了详细描述,是一本工程性较强的著作。

（3）《雷达数字波束形成技术》分册更加深入地描述数字阵列雷达中的波束形成技术,给出数字波束形成的理论基础、方法和实现技术。对灵巧干扰抑制、非均匀杂波抑制、波束保形等进行了深入的讨论,是一本理论性较强的专著。

（4）《电磁矢量传感器阵列信号处理》分册讨论在同一空间位置具有三个磁场和三个电场分量的电磁矢量传感器,比传统只用一个分量的标量阵列处理能获得更多的信息,六分量可完备地表征电磁波的极化特性。该书从几何代数、张量等数学基础到阵列分析、综合、参数估计、波束形成、布阵和校正等问题进行详细讨论,为进一步应用奠定了基础。

（5）《认知雷达导论》分册介绍的雷达可根据环境、目标和任务的感知,选择最优化的参数和处理方法。它使得雷达数据处理及反馈从粗犷到精细,彰显了新体制雷达的智能化。

（6）《量子雷达》分册的作者团队搜集了大量的国外资料,经探索和研究,介绍从基本理论到传输、散射、检测、发射、接收的完整内容。量子雷达探测具有极高的灵敏度,更高的信息维度,在反隐身和抗干扰方面优势明显。经典和非经典的量子雷达,很可能走在各种量子技术应用的前列。

（四）合成孔径雷达(SAR)技术发展较快,已有大量的著作。本套丛书遴选了有一定特点和前景的5个分册:

（1）《数字阵列合成孔径雷达》分册系统阐述数字阵列技术在SAR中的应用,由于数字阵列天线具有灵活性并能在空间产生同时多波束,雷达采集的同一组回波数据,可处理出不同模式的成像结果,比常规SAR具备更多的新能力。该书着重研究基于数字阵列SAR的高分辨力宽测绘带SAR成像、极化层析 SAR 三维成像和前视 SAR 成像技术三种新能力。

（2）《双基合成孔径雷达》分册介绍的雷达配置灵活，具有隐蔽性好、抗干扰能力强、能够实现前视成像等优点，是 SAR 技术的热点之一。该书较为系统地描述了双基 SAR 理论方法、回波模型、成像算法、运动补偿、同步技术、试验验证等诸多方面，形成了实现技术和试验验证的研究成果。

（3）《三维合成孔径雷达》分册描述曲线合成孔径雷达、层析合成孔径雷达和线阵合成孔径雷达等三维成像技术。重点讨论各种三维成像处理算法，包括距离多普勒、变尺度、后向投影成像、线阵成像、自聚焦成像等算法。最后介绍三维 MIMO-SAR 系统。

（4）《雷达图像解译技术》分册介绍的技术是指从大量的 SAR 图像中提取与挖掘有用的目标信息，实现图像的自动解译。该书描述高分辨 SAR 和极化 SAR 的成像机理及相应的相干斑抑制、噪声抑制、地物分割与分类等技术，并介绍舰船、飞机等目标的 SAR 图像检测方法。

（5）《极化合成孔径雷达图像解译技术》分册对极化合成孔径雷达图像统计建模和参数估计方法及其在目标检测中的应用进行了深入研究。该书研究内容为统计建模和参数估计及其国防科技应用三大部分。

（五）雷达的应用也在扩展和变化，不同的领域对雷达有不同的要求，本套丛书在雷达前沿应用方面遴选了 6 个分册：

（1）《天基预警雷达》分册介绍的雷达不同于星载 SAR，它主要观测陆海空天中的各种运动目标，获取这些目标的位置信息和运动趋势，是难度更大、更为复杂的天基雷达。该书介绍天基预警雷达的星星、星空、MIMO、卫星编队等双/多基地体制。重点描述了轨道覆盖、杂波与目标特性、系统设计、天线设计、接收处理、信号处理技术。

（2）《战略预警雷达信号处理新技术》分册系统地阐述相关信号处理技术的理论和算法，并有仿真和试验数据验证。主要包括反导和飞机目标的分类识别、低截获波形、高速高机动和低速慢机动小目标检测、检测识别一体化、机动目标成像、反投影成像、分布式和多波段雷达的联合检测等新技术。

（3）《空间目标监视和测量雷达技术》分册论述雷达探测空间轨道目标的特色技术。首先涉及空间编目批量目标监视探测技术，包括空间目标监视相控阵雷达技术及空间目标监视伪码连续波雷达信号处理技术。其次涉及空间目标精密测量、增程信号处理和成像技术，包括空间目标雷达精密测量技术、中高轨目标雷达探测技术、空间目标雷达成像技术等。

（4）《平流层预警探测飞艇》分册讲述在海拔约 20km 的平流层，由于相对风速低、风向稳定，从而适合大型飞艇的长期驻空，定点飞行，并进行空中预警探测，可对半径 500km 区域内的地面目标进行长时间凝视观察。该书主要介绍预警飞艇的空间环境、总体设计、空气动力、飞行载荷、载荷强度、动力推进、能源与配电以及飞艇雷达等技术，特别介绍了几种飞艇结构载荷一体化的形式。

（5）《现代气象雷达》分册分析了非均匀大气对电磁波的折射、散射、吸收和衰减等气象雷达的基础，重点介绍了常规天气雷达、多普勒天气雷达、双偏振全相参多普勒天气雷达、高空气象探测雷达、风廓线雷达等现代气象雷达，同时还介绍了气象雷达新技术、相控阵天气雷达、双/多基地天气雷达、声波雷达、中频探测雷达、毫米波测云雷达、激光测风雷达。

（6）《空管监视技术》分册阐述了一次雷达、二次雷达、应答机编码分配、S 模式、多雷达监视的原理。重点讨论广播式自动相关监视（ADS-B）数据链技术、飞机通信寻址报告系统（ACARS）、多点定位技术（MLAT）、先进场面监视设备（A-SMGCS）、空管多源协同监视技术、低空空域监视技术、空管技术。介绍空管监视技术的发展趋势和民航大国的前瞻性规划。

（六）目标和环境特性，是雷达设计的基础。该方向的研究对雷达匹配目标和环境的智能设计有重要的参考价值。本套丛书对此专题遴选了 4 个分册：

（1）《雷达目标散射特性测量与处理新技术》分册全面介绍有关雷达散射截面积（RCS）测量的各个方面，包括 RCS 的基本概念、测试场地与雷达、低散射目标支架、目标 RCS 定标、背景提取与抵消、高分辨力 RCS 诊断成像与图像理解、极化测量与校准、RCS 数据的处理等技术，对其他微波测量也具有参考价值。

（2）《雷达地海杂波测量与建模》分册首先介绍国内外地海面环境的分类和特征，给出地海杂波的基本理论，然后介绍测量、定标和建库的方法。该书用较大的篇幅，重点阐述地海杂波特性与建模。杂波是雷达的重要环境，随着地形、地貌、海况、风力等条件而不同。雷达的杂波抑制，正根据实时的变化，从粗犷走向精细的匹配，该书是现代雷达设计师的重要参考文献。

（3）《雷达目标识别理论》分册是一本理论性较强的专著。以特征、规律及知识的识别认知为指引，奠定该书的知识体系。首先介绍雷达目标识别的物理与数学基础，较为详细地阐述雷达目标特征提取与分类识别、知识辅助的雷达目标识别、基于压缩感知的目标识别等技术。

（4）《雷达目标识别原理与实验技术》分册是一本工程性较强的专著。该书主要针对目标特征提取与分类识别的模式，从工程上阐述了目标识别的方法。重点讨论特征提取技术、空中目标识别技术、地面目标识别技术、舰船目标识别及弹道导弹识别技术。

（七）数字技术的发展，使雷达的设计和评估更加方便，该技术涉及雷达系统设计和使用等。本套丛书遴选了 3 个分册：

（1）《雷达系统建模与仿真》分册所介绍的是现代雷达设计不可缺少的工具和方法。随着雷达的复杂度增加，用数字仿真的方法来检验设计的效果，可收到事半功倍的效果。该书首先介绍最基本的随机数的产生、统计实验、抽样技术等与雷达仿真有关的基本概念和方法，然后给出雷达目标与杂波模型、雷达系统仿真模型和仿真对系统的性能评价。

（2）《雷达标校技术》分册所介绍的内容是实现雷达精度指标的基础。该书重点介绍常规标校、微光电视角度标校、球载 BD/GPS（BD 为北斗导航简称）标校、射电星角度标校、基于民航机的雷达精度标校、卫星标校、三角交会标校、雷达自动化标校等技术。

（3）《雷达电子战系统建模与仿真》分册以工程实践为取材背景，介绍雷达电子战系统建模的主要方法、仿真模型设计、仿真系统设计和典型仿真应用实例。该书从雷达电子战系统数学建模和仿真系统设计的实用性出发，着重论述雷达电子战系统基于信号/数据流处理的细粒度建模仿真的核心思想和技术实现途径。

（八）微电子的发展使得现代雷达的接收、发射和处理都发生了巨大的变化。本套丛书遴选出涉及微电子技术与雷达关联最紧密的 3 个分册：

（1）《雷达信号处理芯片技术》分册主要讲述一款自主架构的数字信号处理（DSP）器件，详细介绍该款雷达信号处理器的架构、存储器、寄存器、指令系统、I/O 资源以及相应的开发工具、硬件设计，给雷达设计师使用该处理器提供有益的参考。

（2）《雷达收发组件芯片技术》分册以雷达收发组件用芯片套片的形式，系统介绍发射芯片、接收芯片、幅相控制芯片、波速控制驱动器芯片、电源管理芯片的设计和测试技术及与之相关的平台技术、实验技术和应用技术。

（3）《宽禁带半导体高频及微波功率器件与电路》分册的背景是，宽禁带材料可使微波毫米波功率器件的功率密度比 Si 和 GaAs 等同类产品高 10倍，可产生开关频率更高、关断电压更高的新一代电力电子器件，将对雷达产生更新换代的影响。分册首先介绍第三代半导体的应用和基本知识，然后详细介绍两大类各种器件的原理、类别特征、进展和应用：SiC 器件有功率二极管、MOSFET、JFET、BJT、IBJT、GTO 等；GaN 器件有 HEMT、MMIC、E 模 HEMT、N 极化 HEMT、功率开关器件与微功率变换等。最后展望固态太赫兹、金刚石等新兴材料器件。

　　本套丛书是国内众多相关研究领域的大专院校、科研院所专家集体智慧的结晶。具体参与单位包括中国电子科技集团公司、中国航天科工集团公司、中国电子科学研究院、南京电子技术研究所、华东电子工程研究所、北京无线电测量研究所、电子科技大学、西安电子科技大学、国防科技大学、北京理工大学、北京航空航天大学、哈尔滨工业大学、西北工业大学等近 30 家。在此对参与编写及审校工作的各单位专家和领导的大力支持表示衷心感谢。

2017 年 9 月

# 本书序

合成孔径雷达(SAR)是 20 世纪最伟大的工程发明之一,它能够全天时、全天候对感兴趣区域进行高分辨、远距离成像侦察,同时获得静止和运动目标图像,进而形成全面详尽的战场态势图。它既是战场侦察系统的核心,也是指挥员洞悉战场的眼睛。然而,近年来这双眼睛出现了一些不适,主要表现在:

(1) 怎么兼顾高分辨和宽幅宽,实现看得广又看得清?

(2) 怎么完整揭示目标的散射机理,实现全极化真三维成像?

(3) 怎么减小观测盲区,实现大前斜视、正前视的雷达成像?

(4) 怎么在保证精细成像的同时,实现对有意无意的电子干扰进行高效的自动鉴别和抑制?

所幸的是,这些问题都可以通过数字阵列合成孔径雷达技术得以解决。该技术有机结合了数字阵列雷达和合成孔径雷达两种技术模式的优点,是一个很值得探索的研究方向。给年轻人最大的奖赏莫过于给他们提供成长的机会和平台。国防科技大学代大海等几位年轻的学者,在数字阵列合成孔径雷达技术方面做了一些很有益的探索研究。这部专著是他们集体智慧的结晶,是他们近 10 年来在此领域研究成果的总结和思考。希望此次出版后能为国内雷达领域研究的学者、工程技术人员及研究生朋友们提供有益的借鉴。欲览春色绿几处,须上青山更高峰。希望他们在今后的教学科研工作中能够再接再厉、再立新功!

2017 年 8 月

合成孔径雷达(Synthetic Aperture Radar，SAR)是一种区别于红外和可见光的主动式微波成像传感器，能获得媲美光学照片分辨能力的雷达图像，具备全天时、全天候、处理增益高、抗干扰能力强等特点，是战略侦察和战场侦察系统中的重要组成部分。数字阵列雷达是一种接收和发射波束都采用数字波束形成(DBF)技术的全数字阵列处理雷达。由于收发波束形成均以数字方式实现，因而它有较好的数字处理灵活性，拥有许多传统相控阵雷达所没有的优良性能。采用收发DBF的数字阵列雷达已在地基和空基警戒雷达系统中广泛应用，试验和应用表明其功能、性能与技术优势明显。

结合数字阵列处理和合成孔径雷达成像优点的数字阵列SAR应运而生，已经成为一种新型SAR成像模式和处理方法。数字阵列SAR技术利用收发DBF处理，提供的空域、时域、频域，甚至极化域等多维信息，能够实现射频信号功率在地面的灵活分配，可实现新型的混合自适应SAR成像，使SAR系统可以在条带、聚束、扫描、地面运动目标指标(GMTI)、干涉等不同模式之间切换，也可以利用雷达采集的同一组回波数据处理出不同模式的成像结果，使系统具备同时多任务能力。

以数字阵列SAR的军事侦察应用为背景，本书着重研究了基于数字阵列SAR的三种新型成像模式：高分辨率宽测绘带SAR(HRWS-SAR)成像、极化层析SAR三维成像和前视SAR成像。各章具体内容安排如下：

第1章阐述了课题背景和意义，总结归纳了高分辨宽测绘带、层析SAR三维成像、前视SAR技术研究现状和最新进展情况。

第2章系统阐述了多发多收体制的合成孔径雷达，包括多发多收(MIMO)雷达的概念及发展历程、MIMO-SAR概念及其发展历程、国内外典型MIMO-SAR系统以及MIMO-SAR关键技术。

第3章研究了高分辨率宽测绘带SAR成像理论与方法。首先简要介绍了数字阵列雷达和常规SAR的基本原理，指出常规SAR的局限，分析了常规SAR高分辨率和宽测绘带之间的矛盾。其次阐述了距离向DBF-SAR处理的原理和方法，给出了距离向DBF-SAR处理的仿真结果，指出距离向DBF处理对距离模糊度的改善作用显著，并给出了星载SAR距离模糊度的计算方法。重点研究了方位向DBF-SAR处理的理论与方法。特别结合中国电子科技集团公司第三十八研究所实测七通道 SAR 数据,成功解决了阵列多通道间距离向错位、通道不平衡补偿等实际工程问题。利用实测数据成功得到了无模糊的成像结果,验证了方法的正确性。

第 4 章深入研究了多基线极化层析 SAR 三维成像理论与方法。针对极化层析 SAR 非均匀基线形式,分别提出了基于虚拟阵列变换和 Tikhonov 正则化理论的极化层析 SAR 成像方法。以奇异值分解为手段,建立了傅里叶分析、TSVD(截断奇异值分解),以及 Tikhonov 正则化方法的一致框架。针对非均匀基线条件下的人造目标超分辨三维成像问题,首次将分布式压缩感知理论引入极化层析 SAR 三维成像领域,提出了 MMV-CS(多测量矢量压缩感知)多极化联合超分辨层析成像方法,并针对压缩感知成像中的信号泄漏问题,提出了一种基于滑动窗口的迭代抑制算法。利用仿真实验对不同极化层析成像算法的性能进行了检验,设计并开展了三维高分辨全极化层析成像轨道 SAR 外场实验,证实了本书提出的多通道矢量压缩感知方法在超分辨和抗模糊方面的性能优势。

第 5 章研究了单站前视 SAR 成像理论与方法。针对目前前视 SAR 成像算法都基于平台前向运动速度较低,无法应用于高速运动平台的问题,以单输入多输出的机载前视 SAR 系统为研究对象,分析了高速前视 SAR 的空间几何模型和回波信号模型,提出了两种适合于高速前视 SAR 的成像算法:一种是基于数字多普勒波束锐化(DBS)的快速处理;另一种是高速运动平台的前视距离多普勒(RD)成像算法。最后仿真模拟了点目标阵列的前视 SAR 回波数据,并利用所提出的算法进行了成像处理,验证了算法的有效性。

第 6 章总结了本书的研究工作,对需要进一步研究的问题进行了展望。

全书由代大海组织撰写,其中第 1、2、3、6 章由代大海撰写,第 4 章由邢世其、王玺撰写,第 5 章由王玺、庞礴撰写,代大海对全书进行了统稿和修改。在本书的撰写过程中,作者得到了我国数字阵列雷达的开创者吴曼青院士的指教,同时也得到了我国雷达极化技术学科带头人肖顺平教授和王雪松教授的指点,中国电子科技集团公司第三十八研究所的葛家龙、江凯、盛磊、邬伯才、孙龙、邓海涛、王金峰、谈璐璐、沈明星以及国防科学技术大学的廖斌、吴昊、孙豆等同志为本书有关数据的测量获取和分析处理等提供了大量帮助,国防工业出版社牛旭东编辑为本书的编辑和出版付出了辛勤的努力,这里一并向他们表示衷心的感谢。

代大海

2017 年 10 月

# 目　录

# 第 1 章

## 绪论

## ■ 1.1 引言

合成孔径雷达(Synthetic Aperture Radar,SAR)是一种能进行成像观测的先进微波遥感设备,诞生于 20 世纪 50 年代。SAR 是现代雷达系统的一项重大成就,被誉为 20 世纪最重大的工程科技发明之一。它利用距离向脉冲压缩、方位向合成孔径技术,以较小的实孔径获得相当高处理增益的二维高分辨率图像。与光学、红外等被动遥感设备相比,它不依赖于外辐射源,且不受云、雨、雾等恶劣气候的影响,可全天时全天候工作,而且对隐藏在植被或地表下的隐蔽目标具有一定的探测能力。SAR 的搭载平台非常广泛,包括卫星、航天飞机、飞艇、有人机、无人机和导引头等。

当前,SAR 已成为国家战略信息获取的重要来源,在军事、民用领域都有着极其重要的应用价值[1-10]。特别在军事应用中,SAR 已成为不可或缺的侦察利器,适用于战略侦察、战场监视、攻击引导和打击效果评估等作战的各个环节。SAR 地面动目标指示(Ground Moving Target Indication,GMTI)技术的出现,使得 SAR 不仅能够对静止目标成像,也能够对动目标进行检测和跟踪,获取地面动目标信息,从而获取更加全面详尽的战场态势图。例如,美国"E-8C"平台上装载的"联合监视目标攻击雷达系统(JSTARS)",利用 SAR/GMTI 技术可确定地面车辆和直升机等军事目标活动的方向、速度和模式,提供对方的武装规模、组成、部署及行动等信息,如图 1.1 所示。

一直以来,以美国、日本、德国、法国等发达国家和部分发展中国家都在大力发展本国的 SAR 系统。SAR 的功能得到了很大拓展,出现了极化 SAR(Polarimetric SAR,PolSAR)、干涉 SAR(Interferometric SAR,InSAR)和 SAR/GMTI 等新模式,具备了极化成像、三维成像和动目标成像等能力。图 1.2 给出了几个当今世界上最为先进的机载、星载 SAR 成像系统。图中:上排给出的是机载 SAR 系统,包括德国的 F-SAR,丹麦的 EMISAR,日本的 PISAR;下排给出的分别是加拿大的 Radarsat-2,德国的 Tandem-X,意大利的 Cosmo-Skymed 星载 SAR 系统。

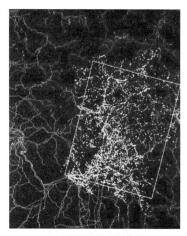

(a) JSTARS 动目标指示　　　　　　　　(b) SAR/GMTI 叠加图

图 1.1　JSTARS SAR/GMTI 观测图(见彩图)

(a) F-SAR　　　　　　　(b) EMISAR　　　　　　　(c) PISAR

(d) Radarsat-2　　　　　　(e) Tandem-X　　　　　　(f) Cosmo-Skymed

图 1.2　当前世界上先进的机载和星载成像雷达系统(见彩图)

　　随着 SAR 技术的飞速发展,高分辨率、多波段、多模式、多极化、多平台等成为先进 SAR 技术的研究热点,SAR 的应用越来越广泛,人们对 SAR 系统性能的要求也将越来越高,从以前追求单一性能的提高逐步过渡到追求系统综合性能的提高[10-47]。然而,单一天线的常规模式 SAR 也逐渐表现出一些缺点,如宽测绘带和高分辨率两个指标之间存在着矛盾、不能实现单航过三维成像、各模式不能同时工作、各模式优点不能兼顾、很少考虑抗干扰等。

　　阵列是天线的一种重要组成样式,它本身又由若干个小天线阵元经过某种排列构成。阵列天线已经发展成为通信、雷达、测控等诸多电子设备的关键部件。现代武器系统的核心是雷达,而天线是雷达的核心部件。在现代武器平台上,阵列天线的应用更是无处不在(图 1.3)。数字阵列是当前最高级的阵列处理形式,采用数字阵列处理的数字阵列雷达正处在一个蓬勃发展的阶段。

图 1.3　阵列天线成为武器平台传感系统的核心(见彩图)

　　数字阵列雷达是一种接收和发射波束都采用数字波束形成(DBF)技术的全数字阵列扫描雷达。由于收发波束形成均以数字方式实现,因而它有较好的数字处理灵活性,拥有许多传统相控阵雷达所没有的优良性能[11]。采用收发 DBF 的数字阵列雷达已在地基和空基警戒雷达系统中广泛应用,试验和应用表明其功能、性能与技术优势都很明显。

　　结合数字阵列处理和合成孔径雷达成像的优点的数字阵列 SAR 应运而生,已经成为一种新型 SAR 成像模式和处理方法。数字阵列 SAR 技术利用收发 DBF 处理,提供空域、时域、频域甚至极化域等多维信息,能够实现射频信号功率在地面的灵活分配,可实现新型的混合自适应 SAR 成像,使 SAR 系统可以在条带、聚束、扫描、GMTI、干涉等不同模式之间切换,也可以利用雷达采集的同一组回波数据处理出不同模式的成像结果,使系统具有同时多任务能力。概括而言,相较于常规 SAR 系统,数字阵列 SAR 将具有如下优点:

　　● 高性能、高效率、软件化;

　　● 强大的波束控制和扫描能力,可灵活观测地面不同区域;

　　● 突破分辨率与测绘带之间的制约,提供更大更快捷的覆盖能力和更高的几何和辐射分辨率,提升感知灵敏度;

- 灵活多变的工作模式,能实现同时多模式工作;
- 灵活的波形模式,与灵活多变的工作模式相适应;
- 有效利用有限能量,工作更长时间,获得更多图像;
- 天线面积紧凑、载荷质量轻,对平台负载要求小;
- 具有智能化潜力,可自动适应环境变化而做出快速调整;
- 同时多任务,甚至实现侦察、通信和对抗一体化;

......

数字阵列 SAR 结合阵列技术与 SAR 成像技术的优点,使数字阵列 SAR 系统能够实现高分辨率宽观测带、三维立体成像、同时多模式/多任务、抗干扰等,因此具有非常诱人的应用前景。图 1.4 给出了数字阵列 SAR 多通道接收机示意图。接收天线被分裂成多个子孔径,来自每个子孔径单元的接收信号分别被放大、下变频和数字化。这样就使记录子孔径信号的后验组合形成多个具有自适应形状的波束,从而可以克服常规 SAR 系统的基本限制。本质上讲,数字阵列 SAR 的核心构架是多通道 SAR 技术,它相当于多个单独的 SAR 系统,每一个 SAR 系统都有独立的数据采集记录通道。正因为如此,基于数字阵列 SAR 才可以实现多种灵活多样的工作模式。

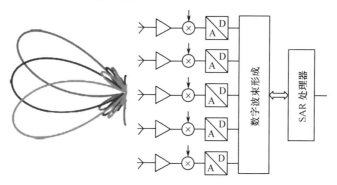

图 1.4　数字阵列 SAR 多通道接收机示意图(见彩图)

鉴于一些常规的 SAR 模式,如条带、聚束、扫描 SAR、GMTI、InSAR 等,目前国内外已有较多研究,本书着眼于数字阵列 SAR 的三种新的先进成像模式,即高分辨率宽测绘带 SAR(HRWS-SAR)成像、极化层析 SAR 三维成像模式、前视 SAR 成像模式,书名为《数字阵列合成孔径雷达》。

## 1.2　高分辨率宽测绘带成像技术

更高的分辨率是 SAR 成像系统追求的永恒主题之一,更高的分辨率能提供目标的详细轮廓和精细结构[1-7]。因为高分辨具有对目标的解析成像能力,对于获取更多的目标结构信息、提高雷达探测系统智能化处理能力具有重要意义[1]。提高 SAR 成像分辨率通常不外乎两种途径：一是改进和更新硬件设备，使其具备发射宽带信号和合成大孔径的能力，同时提高测量精度；二是通过建立物理和数学模型，利用信号处理技术提高 SAR 的成像分辨率。后者受限于克拉美罗限，作用有限。归根结底，提高 SAR 的分辨率还是要提高发射信号的带宽和形成更大的方位向合成孔径。

宽测绘带也是 SAR 追求的一项重要指标[13-15]。在地球遥感和军事侦察等很多应用领域，都要求 SAR 既能明察秋毫，又能纵览全局。若能在一个系统中同时实现高分辨率和宽测绘带，则可更好、更快地完成任务，大幅提高系统的工作效能。然而，由于受到"最小天线面积"约束限制，传统的单发单收星载 SAR 的方位分辨率和测绘带宽之间存在着矛盾。

传统星载 SAR 系统设计宽测绘带覆盖和高方位向分辨率的需求相互矛盾，推动了在空间覆盖和方位向分辨率之间具有不同折中的各种先进 SAR 成像模式的发展，出现了许多诸如 ScanSAR、聚束 SAR、滑动聚束 SAR、循序扫描地形观测 SAR、马赛克 SAR 等新的成像模式[8-47]。但这些模式在某一方面的性能提升均以另一方面性能降低为代价，如 ScanSAR 模式增加了测绘带宽度却降低方位向分辨率，聚束 SAR 模式提高了分辨率却带来了成像区域的不连续，其他几种模式也有类似的问题。这些模式仍然是分辨率和测绘带宽度不同程度的折中，不能从根本上有效解决两者之间的矛盾。

在意识到传统单发单收模式 SAR 无法同时实现高分辨率和宽测绘带的情况下，研究者们开始转而寻求新的方法，这些新的方法都立足于多通道接收的数字阵列 SAR 来解决。新的方法从原理上又大致可分为两类：第一类是基于单一平台，单输入多输出（SIMO）或多输入多输出（MIMO），通过小天线宽波束发射，对应的俯仰向大波束角对应宽测绘带，在方位向上大波束角对应高方位分辨率；第二类是基于小卫星编队 SAR，原理为编队卫星之间对地面同一散射点的视线不同，使各卫星回波信号频谱偏移，将多个卫星的回波进行相参合成可以获得等效的宽多普勒带宽和宽距离向带宽，从而改善方位向分辨率和距离向分辨率。

目前，第二类方法在理论上和实现上还存在着诸多限制和很大困难。第一类方法各个通道的观测视角基本一样，各通道回波频谱基本重合，保证了回波的相关性，只是回波存在距离向或方位向多普勒模糊，消除模糊即可实现 HRWS 成像，目前采用多通道接收消除模糊的研究进展顺利。因此，第一类方法具有更强的可行性，成为 HRWS-SAR 成像的主流。国内外多家科研机构都提出了各自的实现方法，如加拿大的 Radarsat-2、德国的 TerraSAR-X 等都有 HRWS 的实验模式。从实现模式上，采取数字阵列 SAR 实现 HRWS 成像的途径又可细分为单输入多输出(SIMO)和多输入多输出(MIMO)两大类。

## 1.2.1 单输入多输出模式

单输入多输出(SIMO)模式具体又包括距离向单输入多输出技术或方位向单输入多输出技术,这一阶段数字阵列 SAR 的主要研究目的是解决星载 SAR 的高分辨率宽测绘带兼容问题。实现 HRWS-SAR 系统有多种技术方案,如距离向多波束技术、方位向多波束技术等。距离向多波束技术由于距离模糊比较严重,研究较少。方位向多波束技术的提出有效地解决了这一矛盾,能够同时实现高分辨率和宽测绘带成像,成为近年来研究和应用的热点之一。

采用方位向多波束技术实现高分辨率宽测绘带成像的思想最初是由英国的 A. Currie 等人于 1989 年在 IEE 的合成孔径雷达讨论会上提出的,后又与 C. D. Hall 和 M. A. Brown 等人详细介绍了距离向多波束技术和方位向多波束技术,从成像的信噪比和系统设计角度进行了比较,并给出了系统设计参考。日本的藤坂贵彦对单相位中心多波束技术的方位向分辨率和模糊特性进行了初步分析。到 20 世纪末高分辨率宽测绘合成孔径雷达研究开始引起人们比较广泛的关注,先后有一些研究者提出了不同的实现高分辨率宽测绘的雷达系统结构。1997 年英国人 P. S. Cooper、A. F. Wons 和 A. P. Gaskell 提出采用多子带技术实现高分辨率合成孔径雷达的方案,这一方案的主要思想是将天线阵列沿方位向分成几个子阵,利用较宽的发射信号带宽获得距离向高分辨率,在不牺牲测绘带宽的情况下获得二维高分辨率成像。1999 年,澳大利亚的 G. D. Callaghan 在博士论文中提出了采用四元天线阵实现宽测绘带成像,利用天线零点调整的方法可将测绘带宽度扩大约 4 倍,而方位向分辨率不受影响。此后德国的 M. Suess、B. Grafmueller 和 R. Zahn 提出了一种收发天线独立的结构实现高分辨率、宽测绘带成像,收发天线既可安装于同一卫星,也可分别安装于同一星座的不同的卫星上,收发天线独立便于各自优化电性能设计,从而减少系统损失,提高效率。2002 年英国的 E. Buckley 进一步研究了采用收发独立大线实现波束扫描获得宽测绘带的方案,一个子天线发射,多个子天线接收,在一个脉冲重复周期内插入多个发射子脉冲,分别照射依次相邻的不同区域,采用空分、时分、频分和码分的手段将不同子脉冲回波区分开来,达到与扫描雷达相同的测绘带。图 1.5 给出了德国宇航局和欧洲太空局研制的单输入多输出模式的数字阵列 SAR 的射频(RF)和 DBF 单元,目前转入试验验证阶段,这表明国外在这一阶段的研究已经基本成熟。

单输入多输出模式就是其中一个子孔径或是单独的一个发射孔径进行发射,所有子孔径均作为接收,具体又分为单相位中心多波束和多相位中心多波束技术。

图1.5　德国 DLR 和欧洲 ESA 研制的数字阵列 SAR 的 RF 和 DBF 单元(见彩图)

### 1.2.1.1　单相位中心多波束 SAR

单相位中心多波束技术可同时实现测绘带的展宽和方位向分辨率的提高，是实现高分辨率宽测绘带合成孔径雷达系统的技术途径之一。采用单相位中心多波束技术时在雷达天线方位向形成多个接收波束，分别覆盖相邻的地域，各波束回波信号的多普勒频谱也彼此相邻，利用多个接收波束回波信号经频域处理可合成具有较宽多普勒带宽的方位回波信号，经成像处理后获得的方位分辨率比单波束提高一个约等于波束数的倍数。实现单相位中心多波束需要使雷达天线具有多个接收波束。可有两种方式：第一种是发射时方位向采用一个展宽的波束覆盖整个合成孔径长度，接收时采用多个窄波束，称为"宽发窄收"方式；第二种是方位向发射接收均采用多个窄波束，彼此邻接并具有共同相位中心，多个波束同时发射同时接收，称为"窄发窄收"方式。图1.6 所示分别为"宽发窄收"和"窄发窄收"两种方式实现的单相位中心多波束 SAR 工作示意图。两种方式除双程天线增益不同、模糊特性有区别外，工作原理相同，信号处理方法也基本相同。

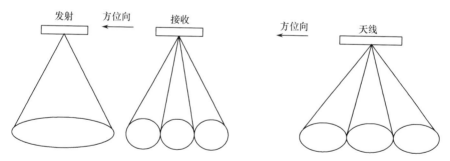

图1.6　单相位中心多波束工作示意图(左：宽发窄收；右：窄发窄收)

### 1.2.1.2　多相位中心多波束 SAR

多相位中心多波束技术的基本思想是以方位向空间维采样的增加换取时间维采样率的降低。合成孔径雷达以脉冲方式工作，相当于在方位向以脉冲重复频率对回波信号进行采样，这一采样过程可以看成是对雷达回波在时间维的采样;由于雷达始终随平台在运动,不同的采样时刻对应雷达不同的方位向位置,因此这一采样过程也可以看成是沿方位向的空间维采样。采用多相位中心多波束技术时,雷达沿方位向安排多个子天线,各子天线波束宽度相同,覆盖同一地域,中间子天线发射信号,各子天线同时接收来自同一地域的回波信号。图1.7所示为多相位中心多波束技术工作原理示意图,对于每一个发射脉冲,可沿方位向同时得到 $N$ 组回波信号采样值,只要适当设置各子天线间相位中心间距可使各组回波信号样本之间彼此独立,从而允许脉冲重复频率降低 $N$ 倍仍能保证回波信号在方位向的正确采样。这样,通过利用沿方位向的空间维采样的增加换取时间维采样的减少,可在保证一定方位向分辨率的情况下,允许降低系统工作脉冲重复频率,使测绘带宽得以展宽;或者在一定的脉冲重复频率(对应一定的测绘带宽)下,提高回波信号的方位向等效采样率,允许展宽方位向多普勒带宽,使方位向分辨率得以提高。

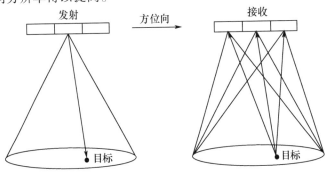

图 1.7　多相位中心多波束工作原理示意图

在多相位中心多波束技术实现方面,通过把一个多通道雷达接收机和一个照射地面较宽区域的固定式小型发射机相结合的几个方案,解决了方位向分辨率与测绘带宽的矛盾,如图1.8所示。一个早期的实例是以斜视成像几何工作的多波束SAR,这种斜视几何便于以几乎恒定的入射角生成一个宽的没有模糊度的图像测绘带。另一个有希望的方法是相位中心偏置天线(DPCA)技术,其基本思想是在沿航迹方向上采用多个孔径接收可降低发射脉冲重复频率(PRF),并能实现较宽图像测绘带的非模糊成像。DPCA技术的一个扩展是四元阵(Quad-Array)系统,它在仰角上采用附加孔径来抑制距离模糊回波信号,这样就可进一步增大图像测绘带,但其缺点是在宽的测绘带中部存在距离间隙,因为它不能同时发射和接收雷达脉冲。DPCA技术的另一个扩展是高分辨率宽测绘带(HRWS)SAR系统,该系统把一个单独的小型发射天线和一个大的接收阵列相结合,小型发射天线以较宽的测绘带照射地面,而大的接收阵列利用实时数字波束形成处理在仰角上补偿发射增益损耗,此外,多个方位通道便于进行宽测

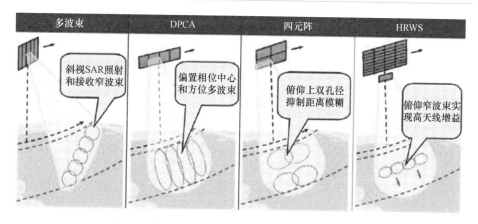

图 1.8　多相位中心多波束技术实现途径(见彩图)

绘带成像而又不会增大方位模糊度。

## 1.2.2　多输入多输出模式

多输入多输出(MIMO)模式的数字阵列 SAR 技术,其特点是发射采用多个不同的波形同时发射。由于单输入多输出 SAR 无法真正实现灵活可变的距离向和方位向的发射波束形成,因此单输入多输出 SAR 模式没有发挥其最大应用潜力,解决这一办法的途径就是采取更为灵活的基于 MIMO 模式的数字阵列 SAR 模式。MIMO-SAR 工作原理示意图如图 1.9 所示。MIMO-SAR 模式优点在于多孔径发射/接收所引起的附加有效相位中心数目增多,从而可以进一步提高观测带宽或方位向分辨率。

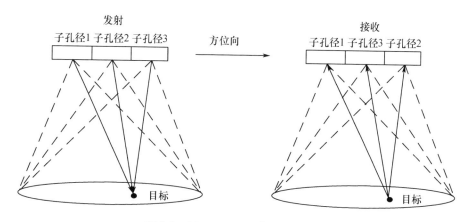

图 1.9　MIMO-SAR 工作原理示意图

MIMO 模式同单输入多输出 SAR 模式基本相同,二者的主要区别是 MIMO 需要通过多维波形编码技术实现等效发射 DBF 技术,进而真正实现收发全数字

DBF 处理。图 1.10 给出了多输入多输出 SAR 的处理流程图,从图中可以看出,多输入多输出 SAR 与单输入多输出 SAR 主要的不同表现在:在每个接收通道之后都存在着一个信号分离的过程,由此得到的总的通道数目也就更多。单输入多输出的最终处理的通道个数等于接收通道的个数 $N$,而多输入多输出的最终处理的通道个数则可达到两者的乘积 $MN$。

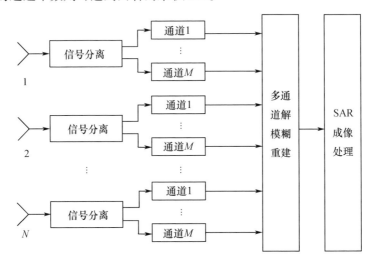

图 1.10　多输入多输出 SAR 的处理流程图

可见,多输入多输出的另一个好处是增加了等效相位中心数目和等效基线长度。图 1.11 给出了多输入多输出 SAR 等效相位中心示意图。此外单平台的距离向的多输入多输出可以实现子带合成,增加距离向分辨率;或者通过距离向的 DBF 处理,增加距离向测绘带宽度。

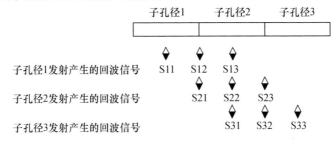

图 1.11　多输入多输出 SAR 等效相位中心示意图

多维波形编码技术是新近提出的一种创新性概念和 SAR 新模式,该技术是实现数字阵列 SAR 技术基础之一。该技术以数字馈源阵反射天线或直接辐射平面相控阵为实现基础,在每个脉冲发射期间均利用天线的全馈源或全孔径来形成空时耦合分布的发射波形,同时具有大的波束覆盖范围。广义上讲,这种空时耦合波形是空间角度域上的波形分集信号,可具有各不相同的功率、持续时间及任意的信号样式。以不同的波形为区分,可实现发射过程中的多个数字子波束,因此是一种发射 DBF 处理技术。与常规模式相比,空时多维耦合波形编码的突出优势有:①角度域波形分集形成对应不同波形的多波束,为实现灵活的波束指向控制和指向内波形控制创造条件,有利于同时实现多种功能模式、不同模式和(或)成像区域间的快速切换以及战场的自适应感知能力;②与接收 DBF 技术有机结合,进一步增加等效相位中心数目和等效基线长度,形成更高效和灵活的距离方位模糊抑制机制,有利于实现天线的紧凑设计和轻量化并实现大测绘带高分辨率成像;③利用多维波束和多维波形编码技术,通过全孔径天线发射、调整发射信号占空比、增强波束测绘带边缘和重点观测区域能量等手段,可灵活高效地利用有限能量,显著增加观测时间。

此外空时多维波形编码技术还在降低 DBF 接收的多维数据冗余度、抗干扰等方面具有显著优势。多维波形编码是一个新提出的概念,其基本原理和优异性能已得到仿真验证,技术上的实现可行性也随着近年集成微波和半导体技术的高速发展而得以突破。基于多维波形编码的系统优化设计是一个亟待研究的课题。多维波形编码并不是传统意义上的时域一维波形设计,而是与天线波束指向控制、DBF 接收模式紧密结合,以多维波形编码为核心的优化设计构成了载荷设计的主要方面。同时,其优异性能的发挥还与相应的先进信号处理方法密切相关,其自适应能力更是有赖于实时处理而得以实现。因此,开展多维波形编码设计与成像处理技术研究具有非常重要的现实意义和应用价值。

### 1.2.3 国内 HRWS 发展现状

国内在基于数字阵列的高分辨率宽测绘带 SAR 研究方面起步比国外稍为晚两三年,但发展比较快。中国电子科技集团公司第三十八研究所吴曼青院士在 2007 年首次提出基于多输入多输出模式的数字阵列 SAR 概念[10],讨论了 DBF 在 SAR 系统的典型应用模式、性能改善和功能提升,对 DBF-SAR 系统构成和工程实现的主要技术问题进行了简单分析;中国科学院电子学研究所的李世强在其博士论文中对实现高分辨率宽测绘带的单相位中心多波束和分离相位中心多波束两种技术进行了较为全面的分析,研究了采用这两种技术的合成孔径雷达的一些特有的问题[13]。

此外,西安电子科技大学的邢孟道博士、李真芳博士等人针对方位向多通道系统,研究了空时频处理解方位向多普勒模糊算法[31,32];成都电子科技大学的王文青博士研究了基于 DBF 的临近空间宽测绘带成像,利用方位向窄发窄收的 DBF 技术,缓解高分辨率与宽测绘带之间的矛盾[33];国防科技大学的赖涛博士研究了分布式 SAR 实现 HRWS 成像问题;西安电子科技大学的井伟博士和中国科学院电子学研究所的宋岳鹏博士[14]、齐维孔博士[15]等分别对高分辨率宽测绘带 SAR 理论、多通道 SAR 方位解模糊技术、距离向 DBF 处理抑制距离模糊、抗欺骗干扰等方面进行了具体研究。这些研究为我国星载数字阵列 SAR 的论证和下一步研发奠定了一定基础,也为我国进一步研制多输入多输出模式的先进 SAR 系统打下了初步基础。

本书将研究距离向 DBF-SAR 成像处理和方位向 DBF-SAR 成像处理。特别将结合中国电子科技集团公司第三十八研究所实测七通道数据,研究实测数据条件下的 DBF-SAR 处理问题,解决阵列通道间距离向错位和通道不平衡校正等实际工程问题。

## ◼ 1.3 层析 SAR 三维成像技术

随着 SAR 技术的不断发展,SAR 信息获取的能力不断提高,所获取目标信息的维数也不断增加。随着 InSAR 的出现,SAR 实现了目标高程信息的测量,获取的目标信息扩展到三维空间。但是 InSAR 只能够获得各个分辨单元的高程信息,对同一距离 – 方位分辨单元中的多个散射体并没有高度向分辨能力[48],这也就限制了它在城市区域遥感以及军事侦察等方面的应用。近年来出现的具有三维高分辨成像能力的 SAR 模式,尤其是层析 SAR 成像技术为 SAR 在高程方向上的分辨问题提供了解决方案。并由此扩展了 SAR 在森林遥感[49-51]、城市区域遥感[52-54]、侦察监视[55]、冰川监测[56]等方面的用途,例如,文献[49]分别利用 L 和 P 波段的机载多航过数据反演出了森林植被的高度。文献[54]利用 Envisat 星载 SAR 在 2003—2007 年收集到的 20 条航过数据对美国加州的天使体育场进行了三维结构反演。文献[55]利用德国机载 E-SAR 系统的多航过飞行数据,并结合极化信息,实现了叶簇下隐藏车辆目标的检测和三维成像。正是因为具有广泛的应用前景,层析 SAR 成像技术近年来得到了快速的发展并成为雷达领域研究的热点问题。

### 1.3.1 典型三维成像 SAR 模式

概括起来,具有三维成像能力的典型 SAR 模式包括以下五大类,具体的分类如图 1.12 所示。

1) InSAR

1969 年,A. E. E. Rogers 和 R. P. Ingalls 首次报道了干涉测量技术在地基雷达中的应用,并用其实现了金星南北半球极化模糊度的分辨[57]。1972 年,Zisk 利用同样的方法实现了月球表面地形的测量[58]。1974 年,Graham 首次将干涉测量技术引入合成孔径雷达信号处理,利用机载干涉 SAR 系统观测到了地形起

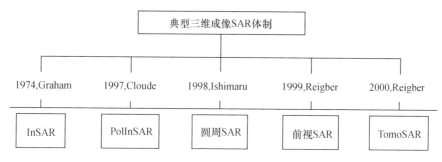

图 1.12　典型三维成像 SAR 模式示意图

伏变化[59]。经过几十年的发展,InSAR 从理论到实践,已日渐成熟。目前已经有成熟的 InSAR 系统问世,如德国的机载 E-SAR 干涉系统[60],欧洲航天局的 TanDEM-X 单航过星载干涉 SAR 系统[61],意大利的 Cosmo-Skymed 星载干涉 SAR 系统[62]等。InSAR 用视角不同的两部天线对地观测,利用两部天线获得回波的相位差形成干涉图,进而获取地面的高程信息。但是当一个分辨单元中包含多个散射体时,InSAR 反演出的高程是该分辨单元内散射体合成的效果,换句话说,InSAR 不具备真正的高度向目标分辨能力。例如,在顶底倒置区域,InSAR 反演出的高程是不准确的。另外,对于低相干区域和高程突变区域,InSAR 处理的关键步骤——相位解缠难以进行,从而难以应用 InSAR 进行高程反演。正是以上这些固有缺点,使 InSAR 在城区测绘和人造目标高程反演等重要应用场合无用武之地,应用价值大打折扣。

2) 极化干涉 SAR(Polarimetric Interferometric SAR,PolInSAR)

为了消除 InSAR 在高程方向上的模糊,极化技术首先被引入[63]。利用极化信息可以区分一个分辨单元中不同散射机理的目标,进而反演出它们各自的高程[64-66]。但是这种基于散射机理分解的方法不能够区分高程不同但是散射机理相同的目标。另外,PolInSAR 本身能提供的多目标分辨能力也是有限的。例如,基于随机散射体地表二层(Random Volume Over Ground,RVOG)模型的极化相干层析(Polarimetric Coherence Tomography,PCT)[67]技术虽然能够给出森林植被的散射高度像,但对模型依赖度很大,难以应用到其他人造目标[68]。

3) 圆周 SAR(Circular SAR)

为了解决同一分辨单元中不同高程目标的分辨问题,文献[69]提出了圆周 SAR 成像的方法,并利用其实现了不同高程金属球的分辨。其高程成像原理如图 1.13 所示。

如图 1.13 所示,以场景中某一非中心点 A 为例,在飞机飞行过程中,雷达相对于该点的 $\theta$ 和 $\alpha$ 角不断变化,同时由于宽带信号的使用,波数 $k_x,k_y,k_z$ 形成了一定的变化范围,进而形成三维的分辨能力。在实际中,常采用多航过圆周

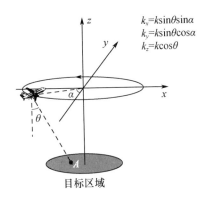

$$k_x = k\sin\theta\sin\alpha$$
$$k_y = k\sin\theta\cos\alpha$$
$$k_z = k\cos\theta$$

目标区域

图 1.13　圆周 SAR 成像示意图

SAR 来提高俯仰角 $\theta$ 的变化范围,进而提高高程方向上的分辨能力,例如美国俄亥俄州立大学的 E. Erin 等人利用 Xpatch 电磁仿真软件的多航过圆周 SAR 仿真数据实现了对反铲挖土机的三维成像[70]。而 C. D. Austin 等人利用美国空军实验室(Air Force Research Laboratory,AFRL)的 8 航过,俯仰角变化范围为43.01°~44.27°的机载圆周 SAR 数据实现了对轿车的三维成像[71]。圆周 SAR 的缺点是一般只能用于小场景,并且其圆周航迹难以精确控制,成像处理相对复杂,从而限制了其应用。

4)前视 SAR(Forward-looking SAR)

高程分辨的另一种解决思路是机载前视 SAR[72-74]。该研究始于 20 世纪 90 年代中期,德国宇航中心设计了一种旨在覆盖飞行路线正前方扇形区域的新型雷达系统——视景增强区域成像雷达(Sector Imaging Radar for Enhanced Vision,SIREV),希望能实现相当分辨率的前向成像,使其应用于导航、自主着陆与地面滑行导引等方面,但并未开展三维成像方面的研究[75]。其后德国宇航局的 Reigber 博士首先提出了利用天线阵模式的前视合成孔径雷达系统来获得目标的三维成像,并进行了初步的仿真试验[76]。中国科学院的学者也进行了相关领域的研究,对前视成像算法进行了改进[77]。前视 SAR 利用宽带信号和合成孔径原理实现沿航迹和高度方向的分辨能力。而横向(垂直航迹向和高度向的方向)的分辨能力则利用机翼上的一排天线实现,在飞行过程中,某一部天线发射信号,多部接收天线以很快的转换时间依次接收,等效形成了横向的大孔径。另外,作为前视 SAR 特例的下视 SAR,其雷达波束垂直向下照射,高度向分辨能力依靠宽带信号距离压缩实现,沿航迹向的分辨能力由合成孔径原理实现,而横向(垂直航迹向和高度向的方向)的分辨能力则由机翼上一排天线构成的实孔径实现。其他有关前视 SAR 的问题将在 1.4 节和第 4 章中详细阐述。

5)层析 SAR(Tomographic SAR,TomoSAR)

层析 SAR 利用多部高度不同的天线形成垂直视线方向的孔径分量,首先多部天线分别对场景进行二维成像,各幅图像经过配准后,再对每个距离 – 方位分辨单元进行频谱分析,从而分辨不同高程的目标。相比以上几种三维成像方式,层析 SAR 具有以下优点:

第一,相比干涉方法,层析成像避开了相位解缠绕的问题。相位解缠绕虽然有较成熟的理论,但是对于建筑物等高程突变目标,由于其不满足相邻像素之间相位差在 π 以内的假设,无法进行相位解缠,所以城区建筑物目标的高程反演只能借助层析成像的方法。

第二,它解决了顶底倒置的问题,实现了一个分辨单元中多个散射点的分辨,并且在采用相应的超分辨算法时可以提供亚傅里叶分辨单元的分辨能力。

第三,利用现有的大量机载/星载 SAR 多航过数据就可以进行层析 SAR 成像研究,不像圆周和前视 SAR 需要组织额外飞行实验。

第四,层析 SAR 的二维成像算法能够和常规侧视 SAR 的成像算法兼容,信号处理相对简单。

第五,相比圆周 SAR,层析 SAR 可以对较大场景实现三维成像。由于具有这些优点,层析 SAR 已成为目前最受关注的 SAR 三维成像手段。

下面将系统地回顾层析 SAR 成像技术的发展历程,其中包括层析 SAR 成像系统及其信号处理技术发展历程。

## 1.3.2　层析 SAR 成像系统发展历程

基于多基线的层析 SAR 三维成像技术的研究始于 20 世纪 90 年代中期,之后迅速吸引了包括德国宇航中心、意大利国家研究委员会、德国慕尼黑科技大学、意大利那不勒斯大学、美国俄亥俄州立大学、瑞士苏黎世大学、法国雷恩大学以及中国科学院、国防科技大学和电子科技大学等国内外众多学者的广泛关注。尤其是近 10 年间,在 *IEEE Trans. on Geoscience and Remote Sensing*,*IEEE Trans. on Information Theory*,*Proc. of the IEEE* 等国际知名期刊和 *International Geoscience and Remote Sensing Symposium*,*European Radar Conference* 等国际知名会议上发表的层析 SAR 成像相关论文多达近百篇,其研究热度和世界各国对其重视程度可见一斑。概括起来,层析 SAR 成像系统的发展可以分为下面几个阶段。

(1) 实验室研究阶段:1995 年,欧洲微波数字实验室(European Microwave Signature Laboratory,EMSL)首先设计了一个合成孔径雷达层析成像实验系统,该系统雷达工作在 Ku 波段,采用了 8 条基线,雷达入射角范围从 41.5° ~ 48.5°,对埋在"半透明"媒质中的两层小铅球进行了层析成像实验,结果能够将两层铅球分辨出来,这证实了通过多基线在垂直视线方向上合成孔径来实现高度维分辨是可行的[78]。

(2) 机载层析成像:1998 年,德国宇航中心(German Aerospace Center,DLR)

首次用实测数据(机载 SAR 数据)验证了层析 SAR 成像技术的可行性[76,79],它将合成孔径原理引入三维空间,利用观测角度稍有不同的多次航迹的数据,通过对每个距离－方位分辨单元做频谱分析,获得高程方向上的散射系数分布。然后基于散射系数分布估计出分辨单元中散射体个数以及它们各自的高程、散射系数、径向变形速度等参数。之后还有一些文献报道了机载层析 SAR 相关的研究[80,81]。

(3) 星载层析成像:2002 年,文献[82,83]报道了星载 TomoSAR 实验。2005 年,意大利的 Fornaro 利用欧洲遥感卫星(European Remote Sensing Satellite,ERS)从 1992—1998 年收集的意大利那不勒斯地区 30 次航过的真实数据获得了该地区三维成像结果,首次证实了 ERS 的多航过层析成像能力和对照射区域三维散射特性的映射能力[84,85]。文献[86]提出了差分层析 SAR(Differential SAR Tomography,D-TomoSAR)成像的概念,在估计高程信息的同时,还估计目标的形变信息。文献[87]则是第一次将 D-TomoSAR 的概念用于 ERS 数据。利用形变信息,使在高程上无法分辨的目标在"高程－速度"平面上可以分辨[88]。随着 TerraSAR-X 和 Cosmo-Skymed 等具有 1m 分辨率的高分辨星载 SAR 的发射,城市区域和人造目标的层析成像研究拥有了更加有利的条件,也促成了星载高分辨层析 SAR 对于城区目标遥感研究成果的诞生[89,90]。

## 1.3.3　层析 SAR 成像信号处理技术

### 1.3.3.1　傅里叶变换聚焦算法

最早层析 SAR 成像利用傅里叶变换来分辨不同高程的散射中心[79]。其成像原理如下。定义图 1.14 所示的 $zol$ 坐标系,以雷达视线方向(Range)为 $z$ 轴,以垂直视线方向(Elevation)为 $l$ 轴。则天线 $m$ 在 $zol$ 坐标系中的坐标为$(\langle r \rangle + z_m, l_m)$,其中,$\langle r \rangle = \sum_{m=1}^{N} r_m(p_m, 0)/N$ 是各天线到场景中心目标(坐标为$(0,0)$)的平均距离,$p_m$ 为第 $m$ 次航过时天线在 $zol$ 坐标系中的位置。

选取位于场景中心,复散射系数为 1 的点目标回波信号作为参考信号,对回波进行 Dechirp 处理。处理后,接收到的回波信号相当于高程方向上散射系数的傅里叶变换,从而经过逆傅里叶变换就可以得到散射系数在垂直视线(Elevation)方向上的分布函数。

傅里叶变换聚焦算法在垂直视线方向分辨率、不模糊高度分别为[79]

$$\rho_e = \frac{\lambda r_0}{2B} \tag{1.1}$$

$$L = \frac{\lambda r_0}{2\Delta b} \tag{1.2}$$

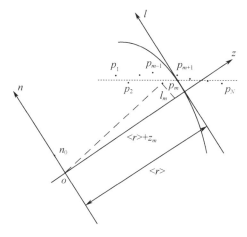

图 1.14　层析 SAR 成像模型

式中:$B$ 为垂直视线方向上的基线长度;$\Delta b$ 为垂直视线方向上的天线间隔;$r_0$ 为雷达到场景的斜距。

对应高度方向的分辨率、不模糊高度分别为

$$\rho_h = \rho_e \sin\theta \tag{1.3}$$

$$h_{amp} = L\sin\theta \tag{1.4}$$

式中:$\theta$ 为天线下视角。

傅里叶变换聚焦算法存在以下缺点:首先,分辨率较低,高度分辨率受到垂直视线方向上孔径长度的制约;其次,容易受到高度孔径上非均匀采样和部分采样点不满足奈奎斯特采样定理的影响,因此聚焦前需要首先通过一些调整措施(如插值)获得均匀采样结果;再次,在航过次数有限的情况下,分辨率和模糊程度是相互制约的关系,需要在两者之间进行折中。

### 1.3.3.2　基于空间谱估计的超分辨层析成像算法

为了解决傅里叶变换聚焦算法没有超分辨能力的缺陷,有学者提出将傅里叶变换聚焦算法和具有超分辨能力的空间谱估计算法(比如多重信号分类(Multiple Signal Classification,MUSIC)算法[91,92],Capon 算法[93-95],旋转不变信号参数估计(Estimation of Signal of Parameters via Rotational Invariance Techniques,ESPRIT)算法[70]等)相结合的层析成像算法。

1)Capon 算法

$$\hat{P}_C(\omega) = \frac{1}{a^H(\omega)\hat{R}^{-1}a(\omega)} \tag{1.5}$$

式(1.5)给出了 Capon 空间谱的表达式,其中:$a(\omega)$ 是空间频率为 $\omega$ 时导向矢量;$\hat{\boldsymbol{R}}$ 是数据的协方差矩阵。Capon 算法是基于最小均方误差准则的线性谱预测方法。通过估计目标回波的到达角(Direction of Arrival,DOA)进而获得目标的位置信息。

2) MUSIC 算法

$$\hat{P}_{\mathrm{MU}}(\omega) = \frac{1}{\boldsymbol{a}^{\mathrm{H}}(\omega)\hat{\boldsymbol{G}}\hat{\boldsymbol{G}}^{\mathrm{H}}\boldsymbol{a}(\omega)} \tag{1.6}$$

式(1.6)给出了 MUSIC 空间谱的表达式,其中:$\boldsymbol{a}(\omega)$ 是空间频率为 $\omega$ 时的导向矢量;$\hat{\boldsymbol{G}}$ 是数据协方差矩阵中对应噪声子空间的特征向量所张成的矩阵。MU-SIC 超分辨算法的基本原理是通过对观测信号的协方差矩阵进行特征值分解,得到噪声子空间的估计,然后利用信号子空间与噪声子空间的正交特性来检测信号,属于子空间类参数化方法。它在 DOA 可以获得超分辨效果。对于层析 SAR 成像,通过简单的几何变换就可以将 DOA 估计转化为高度估计。

3) ESPRIT 算法

ESPRIT 算法属于信号子空间算法,它利用子阵间的旋转不变性实现阵列的 DOA 估计。相比 MUSIC 算法,ESPRIT 算法的计算量更小,并且不要进行谱峰搜索,但是算法性能不如 MUSIC[96]。

上述超分辨方法也有其局限性。首先,超分辨方法虽然能准确估计出 DOA,但是并不能提供目标散射截面积的信息[92]。其次,超分辨方法需要多快拍(Snapshot)来估计空间协方差矩阵,这在实际中只能通过多视处理得到,然而多视处理会降低图像的距离–方位分辨率。再次,超分辨方法对于散射中心之间的相干性也十分敏感。最后,和傅里叶变换聚焦算法一样,超分辨方法不具备抑制模糊能力。

正如上面所提到的,多快拍只有在假定空间各态历经的情况下才能得到,所以利用超分辨算法方法实现高程上的高分辨有一定难度,于是需要一种在有限快拍数情况下能够支持高分辨的处理方法。这里有两种解决思路:一是非参数频谱分析和参数频谱分析相结合的混合层析成像算法;二是压缩感知的方法。

### 1.3.3.3 混合层析成像算法

2010 年,德国 DLR 的 Zhu xiao-xiang 提出了一种非参数频谱分析与参数频谱分析相结合的混合层析成像算法(图 1.15),并分析了其性能[88],文中提出的混合层析成像步骤为:

(1)非参数频谱分析方法。首先用非参数频谱分析方法对每一个距离–方位分辨单元进行散射系数反演。除了目标在高程(Elevation)上的范围以及噪声的一些统计特性之外,非参数频谱分析方法并不需要散射体数目、散射机理等先

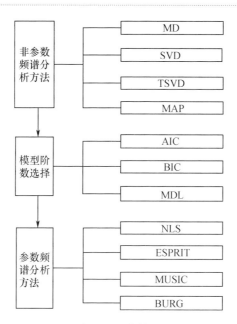

图 1.15 混合层析成像算法流程示意图

验知识。文献[88]中采用的是奇异值分解(Singular Value Decomposition,SVD) – Wiener 方法,该方法等价于最大后验概率(Maximum A Posteriori,MAP)估计,克服了病态矩阵的影响,并且在噪声水平较高时有很好的性能。

(2)模型阶数选择(Model Order Selection)。即判断每个分辨单元中的散射点个数,有多种模型阶数选择方法,如贝叶斯信息准则(Bayesian Information Criterion,BIC)、Akake 信息准则(Akake Information Criterion,AIC)以及最小描述长度(Minimum Description Length,MDL)准则等。它们的基本原理是相同的,主要的不同之处在于惩罚项的选择不同。

(3)参数频谱分析方法。文献[88]中采用了非线性最小二乘(Nonlinear Least Squares,NLS)方法,它在高斯白噪声环境下等效于最大似然估计(Maximum Likelyhood Estimation,MLE)。

总结起来,混合层析成像算法相比较傅里叶变换聚焦算法和基于空间谱估计的超分辨层析成像算法,优点在于:

(1)SVD 等非参数频谱分析方法不需要傅里叶变换聚焦方法中的插值和重采样的步骤,可以直接处理采样率略低于奈奎斯特采样频率的数据,并且可以适当减少观测次数。

(2)混合聚焦算法可以扩展到差分层析 SAR,这样本来在高程上无法区分的两点通过其不同的视线方向(Line Of Sight,LOS)形变速度信息可以在高程 – 速度平面上进行区分。

（3）SVD 等非参数方法在均匀阵列情况下的分辨率和傅里叶变换聚焦方法的分辨率相当,在非均匀阵列情况下的性能相比傅里叶变换聚焦方法稍有改善。但是通过使用参数方法,分辨率会进一步提高。

（4）参数化方法有很强的模糊抑制能力。

（5）基于空间谱估计的超分辨层析成像算法不需要多快拍。

但是混合层析成像方法也存在着一些缺点,如:

（1）当采样间隔大于奈奎斯特采样间隔较多时性能不佳。

（2）参数频谱分析方法需要模型定阶的步骤,而模型定阶往往容易产生误差。

（3）对于参数频谱分析方法,当模型阶数 $K$ 确定后,仍需要比较 $C_N^K$ 种可能的组合,这实际上是个 N-P(非确定性多项式)难(N-P Hard)问题,因此计算效率比较低。而这些问题可以用压缩感知理论进一步解决。

## 1.3.3.4　压缩感知层析成像算法

2006 年,Donoho,Candes,Romberg 和 Tao 等发表了多篇论文[97-104],提出了压缩感知(Compressive Sensing,CS)理论。其核心思想是:在满足一定条件时,即使观测样本有限,稀疏信号也可以通过解一个优化问题而准确重构。由于压缩感知能够用比较少的非均匀观测样本,甚至在不满足奈奎斯特采样定理的情况下恢复信号,从而可以减少重复航过的次数,并且降低对航线精确控制的要求,这使得它对于星载 SAR 或者机载层析 SAR 成像有十分重要的意义。但是压缩感知技术并不是对奈奎斯特采样定理的根本颠覆,因为它要求信号本身是稀疏的,对于 SAR 图像而言,目标的后向散射场通常是由少量强散射点的贡献构成,其中强散射点的个数远小于图像中像素点的个数,这就证明了 SAR 回波信号的稀疏性。自 2007 年 R. Baraniuk 等[105]首次将压缩感知引入雷达技术以来,压缩感知在层析 SAR 成像中得到了广泛应用,例如城市区域遥感[71,90,106]、车辆目标检测[107]、森林结构反演[108]、自动目标识别[109]等。

在压缩感知理论中,如果长度为 $L$ 的信号 $x$,可以用稀疏基 $\boldsymbol{\Psi}$ 中 $K$ 列的加权求和来表示,即

$$x = \boldsymbol{\Psi} s \tag{1.7}$$

其中若 $s$ 中只有 $K$ 个非零元素,则称 $x$ 是 $K$ 稀疏信号。稀疏基矩阵 $\boldsymbol{\Psi}$ 有多种选择方式,如小波、离散余弦变换、正弦函数、冲激函数、Gabor 等,需要根据场景的类型进行选择。对于点目标场景,常用冲激函数作为稀疏正交基,而对于平滑目标,它在小波基下是稀疏的[106]。对于层析 SAR 成像目标场景,常用 sinc 信号作为稀疏基,在满足一定条件的情况下[106],还可以采用单位矩阵 $\boldsymbol{I}$ 作为稀疏基。

压缩感知的观测信号模型为

$$y = \boldsymbol{\Phi}x + \boldsymbol{\varepsilon} = \boldsymbol{\Phi}\boldsymbol{\Psi}s + \boldsymbol{\varepsilon} \tag{1.8}$$

式中: $y$ 为 $N$ 次航过的观测向量; $x$ 为散射系数在高度上的分布; $\boldsymbol{\Phi}$ 为感知矩阵，通常是部分傅里叶变换矩阵的形式; $\boldsymbol{\varepsilon}$ 为噪声矢量。上式的求解可以通过 $l_p$ 范数正则化进行，即

$$\tilde{x} = \arg\min_{x}\left( \parallel y - \boldsymbol{\Phi}x \parallel_2^2 + \mu \parallel x \parallel_p \right) \tag{1.9}$$

当信噪比较高时，对 $y \approx \boldsymbol{\Phi}x$ 要求更高，反之，则要求 $\parallel x \parallel_p$ 更小。当 $p=2$ 时，式 (1.9) 为 Tikhonov 正则化模型，而根据 $\mu$ 的取值不同，又可以获得不同的解。例如当 $\mu = 1/\mathrm{SNR}$ 时，对应的解为 MAP 估计，而当 $\mu = 0$ 时，则对应 SVD 解。当 $p=0$ 时，式 (1.9) 为标准的 CS 重建模型。

对于 CS 优化问题，即 $l_0$ 范数最小化问题，通常采用贪婪算法进行求解，包括匹配追踪[110] (Matching Pursuit, MP) 算法、正交匹配追踪[111] (Orthogonal Matching Pursuit, OMP) 算法等。但是由于 $l_p$ 正则化方法在 $p < 1$ 时是非凸问题，该优化问题往往容易收敛到局部最优解[112]，并且作为一个 N-P 难问题，它的计算量比较大。因此上述优化问题可以采用其凸松弛的优化形式进行求解。文献 [105] 指出:在满足 $N = O(K\lg(L/K))$ 的情况下，$l_1$ 范数最小化和 $l_0$ 范数最小化是等价的，并且在采用 $l_1$ 范数最小化时，该优化问题变为凸优化问题[113,114]，对于实数情形，该问题等价于线性规划 (Linear Programming, LP) 问题，对于复数情形，该问题等价于二阶锥规划 (Second Order Conic Programming, SOCP) 问题[115]。该问题可以通过基追踪 (Basis Pursuit, BP)、降噪基追踪 (Basis Pursuit De-Noising, BPDN)、内点法[116] 等算法解决。

CS 算法是参数和非参数频谱分析方法的很好折中，和其他方法相比，具有以下优点:

(1) 和非参数频谱分析方法相比:如截断奇异值分解 (Truncated Singular Value Decomposition, TSVD)、SVD-Wiener 等，压缩感知方法由于没有旁瓣效应，并且分辨率不受有限基线长度的限制，具有超分辨特性，克服了非参数方法分辨率较差的缺点。

(2) 和参数频谱分析方法相比:如 NLS，虽然 NLS 在高斯噪声情况下等价于 MLE，即在高斯噪声中单目标的高程反演具有最佳的性能，但是计算量较大，并且作为一种参数化方法，它需要散射点个数的先验知识，这在某种程度上也更增加了 NLS 方法的计算量。相比之下，对于高斯噪声中单个散射体的检测问题，CS 和 NLS 的精度相当，即能够达到克拉美罗下界 (Cramer-Rao Lower Bound, CRLB)。同时 CS 算法对于非高斯相位噪声更不敏感，在非高斯相位噪声下，CS 更具有鲁棒性。另外，CS 算法并不需要散射点个数的先验知识，可以自动选择散射体个数，计算速度也比参数频谱分析方法更快。

（3）和 MUSIC 等超分辨算法相比：文献［117］对 MUSIC 和 CS 算法做了对比，结果发现：首先，MUSIC 算法需要多快拍数据，在单快拍情况下，CS 要优于MUSIC；其次，CS 估计精度更高，并且对噪声的敏感度更低；最后，在两目标相距较近并且相关性较强时，MUSIC 性能变差，而 CS 对于散射中心之间的相关性并不敏感，性能更好。

（4）CS 算法在低信噪比的情况下也有较好的性能[118]。

（5）CS 算法可以利用极化信息的稀疏性。

### 1.3.4　小结

本节首先介绍了典型的三维成像 SAR 模式，以层析 SAR 成像系统及其信号处理技术的发展历程为主线，重点对层析 SAR 成像的信号模型、重构算法、国内外最新研究成果进行了综述，并介绍了其在城市遥感、森林遥感、军用车辆侦察监视等领域的应用潜力。本书将着重针对全极化测量模式，研究多基线极化层析 SAR 系统的成像理论与方法。具体内容包括基于多极化联合的层析 SAR三维成像算法、性能分析以及实验设计与验证等。

## ◤ 1.4　前视 SAR 成像技术

SAR 具备全天时、全天候、高处理增益和高抗干扰性能的工作特点，能获得类似光学照片的目标图像，在地理遥感、环境观测和战场侦察等领域有着广泛的应用。但是由于多普勒频率的梯度在平台的飞行方向非常小，常规的 SAR 仅对正侧视或前斜视方向具有成像能力，对于飞行路线正前方存在成像盲区[119-121]。

前视 SAR 的概念最早由 Witte 提出，并申请了德国和美国专利[122,123]，从而开辟了一个新的研究领域，促进了理论研究和工程应用的进步。图 1.16 给出了

图 1.16　前视 SAR 成像区域示意图

前视 SAR 的成像区域示意图。因为能够提供运动路线前方场景的成像能力,前视 SAR 成像技术近年来得到了快速的发展并广泛应用于地质勘探、损伤评估、森林遥感、侦察监视等领域,成为雷达领域研究的热点问题之一。下面以德国著名的视景增强区域成像雷达(Sector Imaging Radar for Enhanced Vision,SIREV)为例,介绍前视 SAR 的发展现状。

### 1.4.1　SIREV 前视 SAR 成像系统

20 世纪 90 年代,Witte 和德国宇航中心(German Aerospace Center,DLR)的 Sutor,Moreira 等人合作研制了前视 SAR 的实验系统——视景增强区域成像雷达,这也是公开报道的首部前视 SAR 成像系统。其核心是一部如图 1.17 所示的单输入多输出的阵列天线系统。最初研制的目的是辅助飞机在恶劣天气情况下安全起飞和着陆。

图 1.17　SIREV 的阵列天线系统

1999 年,DLR 利用直升机载平台在德国 Oberpfaffenhofen 进行了两次前视成像实验。第一次的实验场景中包含了一个大的角反射器,用作系统定标。第二次的实验场景位于 Lech 河附近。实验所用到的直升机载平台如图 1.18 所示,相关实验参数如表 1.1 所列。

图 1.18　前视成像实验所用的直升机载平台(见彩图)

表 1.1　实验参数

| 参数 | 角反射器 | Lech 河 |
|---|---|---|
| 中心频率/GHz | 9.5 | |
| 调频带宽/MHz | 100 | |
| 阵列长度/m | 2.85 | |
| 阵列天线个数 | 56(均匀分布) | |
| PRF/Hz | 14793 | |
| 脉冲宽度/μs | 1.3 | 1.3 |
| 载机平均速度/(m/s) | 28 | 21 |
| 载机平均高度/m | 1056 | 927 |

图 1.19 给出了角反射器目标的成像结果。从图 1.19(a)可以看出,角反射器目标实现了很好的聚焦。从图 1.19(b)给出的是 37.9s 时间内角反射器的成像序列,则证明了成像效果与方位角无明显关系[173]。

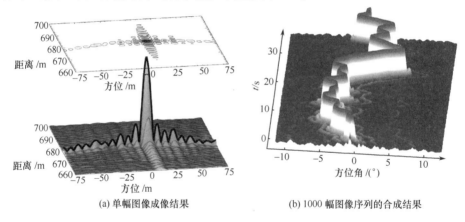

(a) 单幅图像成像结果　　　　　　　(b) 1000 幅图像序列的合成结果

图 1.19　角反射器成像结果

图 1.20 给出了 Lech 河的光学和前视 SAR 成像结果。其中,图 1.20(a)给出了 Lech 河某处的光学图片,照片中显示的是河流的一个转弯处。在对应的 SAR 图像中,可以看到白色显示的河流,和真实河流弯曲对应得较好。其中图 1.20(b)是单幅成像结果,可以看到图像受到了噪声的严重影响,但是经过多幅图像相干平滑后,如图 1.20(c)所示,信噪比得到了明显提升,图像的对比度变得更强。

基于 X 波段 E-SAR 的实验数据,DLR 进行了不同波段的前视 SAR 成像仿真。其中,相关的仿真参数如表 1.2 所列。图 1.21 则给出了不同波段下的成像仿真结果。从图 1.21 可以看出,在天线孔径固定的情况下,频率越高则成像的分辨率也越高,成像的效果越好。

(a) Lech 河光学照片

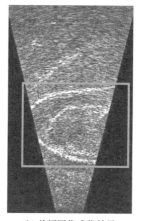
(b) 单幅图像成像结果

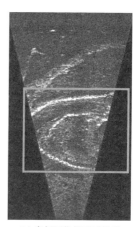
(c) 多幅图像相干平滑后

图 1.20　Lech 河前视成像实验结果

表 1.2　仿真相关参数

| 载机高度/m | 200 | 视角/(°) | 45 |
|---|---|---|---|
| 带宽/MHz | 100 | 脉宽/ms | 1.5 |
| 近端距离/m | 396 | 远端距离/m | 1698 |
| 近距方位宽/m | 170 | 远距方位宽/m | 710 |
| 近距方位分辨率/m | 6(X 波段)<br>1.6(Ka 波段)<br>0.6(W 波段) | 远距方位分辨率/m | 24(X 波段)<br>6.7(Ka 波段)<br>2.5(W 波段) |
| 距离分辨率/m | 2.2 | 方位向波束宽度/(°) | 24 |

(a) X 波段 ($\lambda$=0.031m)

(b) Ka 波段 ($\lambda$=0.0085m)

(c) W 波段 ($\lambda$=0.0032m)

图 1.21　基于 E-SAR 数据得到的 SIREV 成像仿真结果

# ◤ 1.5　内容简介

本书具体内容如下：

第 1 章为绪论。针对基于数字阵列 SAR 的三种新型成像模式，集中介绍了高分宽测 SAR 成像、层析 SAR 三维成像、前视 SAR 成像的国内外研究现状；并简单介绍本书主要章节的内容。

第 2 章研究了基于多输入多输出模式的合成孔径雷达，总结归纳了其技术模式和发展应用特点，特别给出了当前国际上所有新发展的类似系统简介，这对于发展和完善我们国家的数字阵列雷达具有很好的借鉴意义。

第 3 章研究了基于数字阵列 SAR 的高分宽测成像技术。包括数字阵列雷达及数字波束形成的处理方法、常规合成孔径雷达原理及其局限、距离向DBF-SAR 成像处理和方位向单输入多输出解模糊重建成像。基于中国电子科技集团公司第三十八研究所实测七通道数据，提出了通道不平衡校准方法，成功得到了无模糊的实测成像结果，验证了方法的正确性。

第 4 章深入研究了多基线多极化层析 SAR 三维成像技术。提出了三种极化层析成像方法；通过仿真实验，验证了所提方法的优良性能；构建了轨道 SAR 外场实验系统，通过外场实验实现并验证了本书所提方法能够对人造目标实现精确的三维重构。

第 5 章研究了前视 SAR 成像问题。针对现有方法无法适用于高速运动平台这一背景，在分析建立高速运动平台回波特性的基础上，分别提出了基于多普勒波束锐化和距离 – 多普勒域滤波的两种成像算法，仿真实验结果验证了算法的有效性。

第 6 章对下一步研究工作进行了总结展望。

# 第 ❷ 章

# 多输入多输出模式的合成孔径雷达

## ◣ 2.1 概 述

自雷达(RADAR)于 1937 年首次应用在军事领域中,经过了近 80 年的迅猛发展,现代雷达已从早期的探测目标存在并测量距离发展为集探测、成像、识别等功能于一体的精密系统,各种全新模式不断涌现。MIMO(Multi-Input Multi-Output radar)雷达正是 21 世纪初发展起来的一种新型雷达模式。

图 2.1 给出了 MIMO 雷达和多站雷达、相控阵雷达对比示意图。从图中可以看到,MIMO 雷达是利用多个发射天线同步地发射分集的波形,同时使用多个接收天线接收回波信号,并集中处理收发信号的一种新型雷达模式[124,125]。相比之下,多站(基地)雷达是使用两个或两个以上的接收天线和一个发射天线进行工作的雷达系统,且各接收天线接收到的信号独立处理。相控阵雷达通过改变雷达波相位来改变波束方向,有一个由大量相同辐射单元组成的孔径,每个单元在相位和幅度上是独立控制的,但不同天线发射单元发射的信号相同[126]。

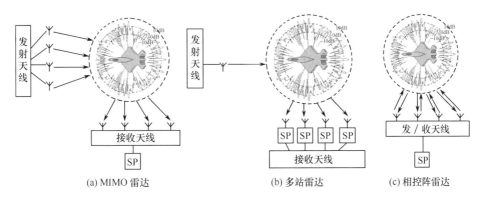

(a) MIMO 雷达　　　　　　(b) 多站雷达　　　　(c) 相控阵雷达

图 2.1　MIMO 雷达和多站雷达、相控阵雷达对比示意图

通过对比可以发现,由于在发射端和接收端均采用多天线结构,MIMO 雷达能够得到远多于实际收、发阵元数目的观测通道和自由度。与此同时,空间并存

的多观测通道使得 MIMO 雷达能够实时采集携带有目标不同幅度、时延或相位的回波信息,与传统的单/多基地雷达或是相控阵雷达相比极大地提高了雷达的总体性能,在缓和目标散射特性起伏、提高分辨能力等方面具有巨大的潜力。

### 2.1.1　MIMO 雷达概念及发展历程

MIMO 技术原本是控制系统中的一个概念,表示一个系统有多个输入和多个输出。早在 1974 年,Mehra 就将多输入多输出的思想引入控制系统来增强参数估计的性能[127]。随后,20 世纪 90 年代早期,MIMO 思想进入通信系统领域,利用发射端和接收端的多个天线传送和接收信号,改善每个用户得到的服务质量(误比特率或数据速率),同时在不增加带宽的情况下,成倍地提高通信系统的容量和频谱利用率。这种优势促使众多专家学者将 MIMO 的思想推广应用到雷达领域的研究中,在通信系统和雷达系统之间建立起密切的联系。在无线通信中,信道是已知或被预先估计出来,接收机通过分析接收信号获取发送的编码信号的信息;而在雷达系统中,目标相对于信道是未知的,发射信号对于接收端是已知的,雷达通过分析接收信号来获取有关雷达目标的信息。这种相似性为MIMO 雷达的研究奠定了理论基础。2003 年,美国麻省理工学院(MIT)林肯实验室的 Rabideau 等学者在第 37 届 Asilomar 信号、系统与计算机会议上提出采用多发射机和正交波形的雷达,并将其正式命名为 MIMO 雷达[128]。

事实上,在 MIMO 雷达概念被正式提出之前,人们已经对一些类似于 MIMO 雷达的雷达系统开展了研究。20 世纪 70 年代末,为了解决雷达隐身目标的探测问题和提高雷达反辐射导弹的能力,法国国家宇航局(ONERA)与汤姆逊 – CSF 公司提出了雷达脉冲综合孔径(Radar Impulse Synthetic Aperture,RISA)的概念[129]。该系统采用图 2.2 所示的稀布圆阵天线,外侧天线阵元全向发射窄带正交信号进行各向同性照射,内侧天线接收端同时接收所有方向的回波,通过数字波束形成(DBF)技术进行综合脉冲形成,获得宽带雷达距离高分辨的性能,并

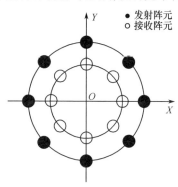

图 2.2　RISA 雷达阵元布置俯视图

可同时形成多个接收波束,对目标具有四维测量能力(距离、速度、方位、俯仰),且发射方向图是全向低增益,相对于相控阵雷达具有低截获概率的优点。西安电子科技大学联合中国电子科技集团公司第三十八研究所研制出了米波稀布阵综合脉冲孔径雷达(Synthetic Impulse and Aperture Radar,SIAR)实验系统[130],如图 2.3 所示,它装备了 25 个可发射不同频率的宽脉冲信号的无向性天线和 25 个可进行多频信号相参积累的接收天线,主要为了解决米波雷达角分辨率低、低空性能差等固有缺点。因此,SIAR 雷达系统已经具备了 MIMO 雷达的基本要素。

图 2.3　米波稀布阵 SIAR 试验系统

除此之外,MIMO 雷达在工作原理上与 20 世纪 90 年末出现的泛探(Ubiquitous)雷达概念有不少相似之处。泛探雷达的中心思想是随时探测各处(任何时间、任何空间),并能够在覆盖空间范围内提供连续不间断的多种功能。泛探雷达要求在"针束状"窄波束连续接收信号的同时,发射波束又照射宽广的覆盖空间范围,即"宽发窄收",如图 2.4 所示。泛探雷达在覆盖空间内或时间上都没有间隔,这样就能在最早时间内探测到目标并开始跟踪。从概念上讲,泛探雷达兼备监视、跟踪和武器控制,其性能取决于不间断观测时间间隔与较低的目标功率信号密度之间的折中。

发射波束　　　　　　　　　　接收波束

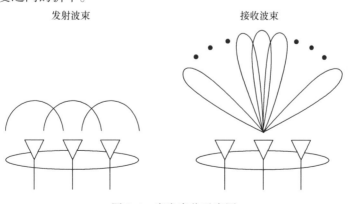

图 2.4　宽发窄收示意图

受通信 MIMO 技术的启发,尤其是以上 SIAR 和泛探雷达的启发,雷达领域引入了 MIMO 雷达概念。MIMO 雷达可以看作是 SIAR 和泛探雷达的继承和发展,而且 MIMO 雷达的理论研究已经远远超出了 SIAR 和泛探雷达的范围。MIMO 雷达的布阵方式不再局限于 SIAR 系统中的圆阵结构,收发天线阵的分布更加灵活多变,可以为线阵、圆阵、面阵等。MIMO 雷达的搭载平台也多种多样,可以是地基、机载或星载等平台。

2003 年,美国林肯实验室的 Rabideau 等学者在第 37 届 Asilomar 信号、系统与计算机会议上提出采用多发射机和正交波形的雷达,并将其正式命名为 MIMO 雷达。该 MIMO 雷达与 SIAR 比较类似,发射/接收阵列中的天线间距较小,在接收端经过匹配滤波器组的信号处理方式与传统阵列雷达相似,可通过波束综合获得收发方向图[131]。这种 MIMO 雷达称为集中式 MIMO 雷达,也称为相参 MIMO 雷达(Coherent MIMO radar),它的阵列结构接近于传统相控阵雷达,不是真正意义上的 MIMO,但易于工程实现,其关键问题在于设计发射波形,获得波形分集增益(waveform diversity gain),形成多于实际阵元的虚拟孔径,具有更优的多目标分辨能力。林肯实验室提出 MIMO 雷达概念后,受到美国空军和澳大利亚国防部的高度重视和经费支持,美国林肯实验室、佛罗里达大学、乌普萨拉大学相继在 MIMO 雷达的布阵方式、自由度、角度分辨率等方面开展了深入的研究工作并取得一系列成果[132]。2009 年,佛罗里达大学的 Jian Li 教授和乌普萨拉大学的 PetreStoica 教授联合出版了 *MIMO radar signal processing* 一书,收录了美国林肯实验室、华盛顿大学圣路易斯分校、加州理工大学等研究机构中多位知名专家学者的研究成果,主要对集中式 MIMO 雷达的概念、优势、模糊函数、波形优化和空时自适应处理(STAP)等方面进行了综述介绍,为 MIMO 雷达技术的发展奠定了理论基础[131]。

## 2.1.2　MIMO 雷达分类

随着 MIMO 雷达技术研究的不断深入,MIMO 雷达概念的实现形式呈现出多样化,根据不同的分类标准可以将其分成不同的类型。通常,可以根据天线的配置"远近",将其分为分散型 MIMO 雷达(或者统计型 MIMO 雷达)(Statistic MIMO radar 或者 Separated MIMO radar)、相干型 MIMO 雷达(或者紧凑型 MIMO 雷达)(Coherent MIMO radar 或者 Colocated MIMO radar)以及介于两者之间的混合型 MIMO 雷达[133]。

这里的"远近"是一个相对值,由于 MIMO 雷达中收发天线分置,可以认为一组收发天线对相当于一部"双站雷达系统",而一组收发天线间形成一条发射信号的通道。一般而言,当各天线之间间距较大,各通道之间互不相关时,该 MIMO 雷达系统称为分散型 MIMO 雷达系统;当各天线之间间距与发射信号的波长可以比拟时,各通道之间信号的相关性比较强,此时称为紧凑型 MIMO 雷达。紧凑型 MIMO 雷达可进一步分为单站 MIMO 雷达(Monostatic MIMO Radar)和双站 MIMO 雷达(Bistatic MIMO Radar)。前者所有收发天线紧凑配置,后者发、收天线分别紧凑配置,并且各收发天线对满足双站雷达的条件。图 2.5 给出了 MIMO 雷达几何拓扑结构及其分类示意图,由于篇幅的关系,紧凑型 MIMO 雷达在此只画出了双站 MIMO 的示意图。值得指出的是,上述三种类型的系统中每个天线均可以由子阵来实现,此时称为相控阵 MIMO 雷达(Phased-MIMO Radar)[133]。

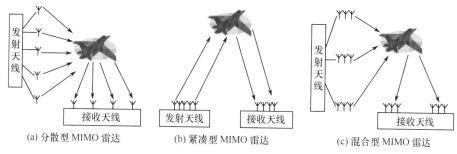

(a) 分散型 MIMO 雷达　　　(b) 紧凑型 MIMO 雷达　　　(c) 混合型 MIMO 雷达

图 2.5　MIMO 雷达几何拓扑结构及其分类示意图

统计型 MIMO(Statistical MIMO)雷达的概念是于 2004 年的菲律宾 IEEE 雷达会议上,由美国新泽西理工大学的 Fishler 和里海大学的 Blum 等人开创性地提出的,其本意是将 MIMO 通信的空间分集(spatial diversity)观点引入到雷达中,将天线阵元放置在空间相距较远的位置,不同发射阵元发射相互正交的信号,将发射天线经过目标到接收天线的信号看作是一个信道,利用多个观测角度下的多信道信号传输,在接收端利用正交性分离来自不同信道的回波,且各信道具有统计独立性,回波中同时出现衰落的概率很小,因此目标反射信号功率近似稳定,可以有效对抗目标的 RCS 闪烁,获得空间分集增益,提高雷达对慢起伏弱目标尤其是隐身目标的检测能力,并具有高精度的目标定位能力,因此也称为分散型 MIMO 雷达[131]。相对于紧凑型 MIMO 雷达,分散型 MIMO 雷达对雷达的传统概念有着更大程度的突破意义,能够获得更大的空间分集增益、结构增益、极化分集增益、波形分集增益,因而在信号检测能力、参数估计精度、目标分辨率等方面具有明显优点。典型的的分散型 MIMO 雷达实验系统有澳大利亚国防科学技术组织(DSTO)ISR 分部建造的超视距雷达(Over-The Horizon Radar,OTHR)和英国伦敦大学学院(University College London,UCL)的 Hugh Griffiths 教授领导团队研制的多站雷达试验系统。其中澳大利亚的分散型 MIMO 雷达系统每部雷达的发射站和接收站分开约 100km,在集中控制中心完成信息集成,其发射阵列如图 2.6(a)所示;UCL 的多站雷达系统是在其 Netted Radar 的研究基础上,改进而成的,该系统由三部相参的收发一体的雷达组成(见图2.6(b)),工作在2.4GHz,数据采用中心化处理。他们利用该系统对雷达噪声、杂波和多种回波信号进行了研究。

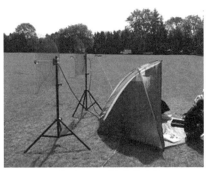

(a) 澳大利亚 OTHR 发射阵列　　　　　(b) 英国 UCL 雷达实验系统

图2.6　典型分散式 MIMO 雷达系统(见彩图)

相比之下,紧凑型 MIMO 雷达收、发天线位置相距较"近",收发阵列与目标通常满足远场关系,通常认为目标的 RCS 在不同收发天线对间是相等的,由于系统各发射天线发射不同的信号,紧凑型 MIMO 雷达能够获得良好的波形分集增益,进而获得系统参数辨识能力增强、发射方向图的灵活设计等方面的优势。国内外拥有紧凑型 MIMO 实验系统的机构包括:MIT 林肯实验室和我国的西安电子科技大学等。其中 MIT 林肯实验室 Robey 等人为解决岸基和水面舰载相控阵雷达强杂波中弱目标的检测问题,设计出 L 波段和 X 波段的集中式 MIMO 雷达实验系统,如图2.7所示,通过实验验证了窄带 MIMO 雷达和宽带 MIMO 雷达的性能,研究了 MIMO 雷达获得低旁瓣的波束形成技术;西安电子科技大学雷达信号处理重点实验室研制的多输入多输出新型对空监视雷达 - 稀布阵综合脉

(a) L 波段　　　　　　　　　(b) X 波段

图2.7　林肯实验室 MIMO 雷达实验系统

冲孔径雷达(Synthetic Aperture and Impulse Radar,SAIR),通过各个发射阵元全向发射正交编码频率信号以使得各向同性照射,在接收端实现数字波束形成(Digital Beam Forming,DBF)以实现发射脉冲的综合,在此基础上通过对接收阵元信号的相干处理可实现对目标的高精度跟踪。日本出于反隐身的目的,设计出了一种"零控双基 MIMO 雷达"(Null Steering Bistatic MIMO Radar)系统(图2.8),对 MIMO 雷达的反隐身性能进行了实验验证。

图 2.8　日本"零控双基 MIMO 雷达"

近年来,MIMO 雷达布阵又发展出新的方式,出现了混合型 MIMO 雷达(Hybrid MIMO Radar),该雷达由多个分散放置的子阵组成,子阵之间的间距满足分布型 MIMO 雷达的要求,每个子阵通常是半波长天线间距的均匀线阵。混合型 MIMO 雷达的每个子阵既可以作为单一功能的发射或接收信号,也可以收发一体;而在子阵内部,每个阵元的发射信号可以完全正交、部分相关或者全相参,更加灵活。不难看出,紧凑型 MIMO 雷达和分散型 MIMO 雷达是混合型 MIMO 雷达的两个特例,因此混合型 MIMO 雷达既能够进行波束形成,参数估计精度高,还能够对抗目标的 RCS 闪烁[134]。

## ◤ 2.2　MIMO-SAR 概念及其发展历程

### 2.2.1　MIMO-SAR 概念

SAR 是 20 世纪雷达技术发展的重要里程碑,其利用雷达回波信号的相关性,累积雷达运动过程中回波信号的多普勒频移,从而在雷达的运动方向上合成等效的雷达孔径,实现方位向的高分辨成像。由于不受光照、温度等外界环境的限制,可实现全天时、全天候的区域监测成像,且对植被、沙漠覆盖等介质具有穿透能力,因此 SAR 在灾害评估、环境监测、海洋观测、资源勘查、植被监测、测绘和军事等领域具有广泛的应用前景。

针对运动平台 SAR 的应用需求,融合 MIMO 雷达与 SAR 各自特点而构成的新模式多输入多输出合成孔径雷达(MIMO-SAR)可在系统空时维度优化的基础上,获得在波形维度上的扩展和应用。因此,MIMO-SAR 可利用更多的发射阵元和等效收发阵元进一步改善系统性能,发挥多输入多输出阵列的优势,通过大的系统自由度全面权衡和提高新模式 SAR 在高分辨率宽观测带、同时多模式SAR、侦察通信一体等方面的应用能力。

将 MIMO 技术与运动平台 SAR 成像雷达相结合,首次明确提出 MIMO-SAR概念和定义[135],并得到共识的是德国 FGAN 实验室的 J. R. Ender,他在 2007 年国际雷达会议上提出"将相参 MIMO 雷达置于运动平台上,综合利用全部收发组合的回波数据进行相参成像,定义为 MIMO-SAR"[133]。概括起来,MIMO-SAR具有如下特点:

(1) 多个发射/接收天线分布在运动平台之上;

(2) 发射端多天线同时独立地发射多个波形,波形之间可以相互正交或不相关;

(3) 接收端多天线同时独立地接收场景回波,并能够通过一组滤波器分离出各个发射信号的回波;

(4) 信号处理时,能够通过联合处理多观测通道的回波数据提高 SAR 系统性能。

图2.9 给出了 MIMO-SAR 概念示意图。

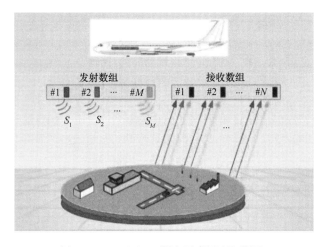

图2.9　MIMO-SAR 概念示意图(见彩图)

## 2.2.2　MIMO-SAR 分类

参考 MIMO 雷达的分类方法,可以将 MIMO-SAR 按照天线配置方式分为"同平台 MIMO-SAR"和"分布式平台 MIMO-SAR"两类。同平台 MIMO-SAR 最主要的特点是所有发射和接收天线均安装在同一运动平台上。受平台尺寸限制,天线间隔通常远远小于雷达到场景中心的距离,因此目标相对于天线阵列满足远场近似条件。从天线配置和工作模式来看,同平台 MIMO-SAR 可以看作是常规阵列 SAR 的推广,不同之处在于:阵列 SAR 通常采用单输入多输出的工作方式,系统性能主要由接收阵列性能决定;而 MIMO-SAR 采用多天线同时发射、多天线同时接收的工作方式,系统性能取决于发射波形集的相关特性以及等效阵列的波束特性。按照阵列天线在平台上的分布方式,又可将同平台 MIMO-SAR 进一步分为距离向多天线 MIMO-SAR、方位向多天线 MIMO-SAR 以及距离向和方位向联合多天线 MIMO-SAR 等[136]。

分布式平台 MIMO-SAR 最主要的特点是发射和接收天线分别放置在不同的运动平台上,通过雷达组网的方式构成分布式 SAR 系统,其概念的核心是双站 SAR。分布式 MIMO-SAR 可以看作是多站 SAR 的推广,不同之处在于:多站 SAR 通常由系统中某一平台负责发射信号以覆盖成像场景,其余平台只被动接收场景的回波信号,系统概念如图 2.10(a)所示;分布式 MIMO-SAR 系统中每个平台携带的雷达既能发射信号也能接收系统内其他雷达发射信号的回波,经过回波分离后能够获得更多观测视角下的目标散射信息,增强了合成孔径雷达系统的目标检测和识别性能,系统概念如图 2.10(b)所示[137]。

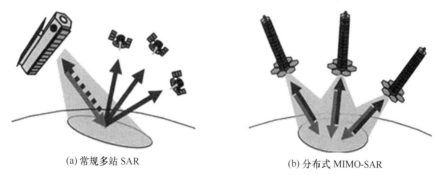

(a) 常规多站 SAR　　　　　　　　(b) 分布式 MIMO-SAR

图 2.10　多站 SAR 与分布式 MIMO-SAR 概念示意图

综上,MIMO-SAR 可以看作是常规阵列 SAR 和多站 SAR 的概念推广,而主要区别在于 MIMO-SAR 增加了发射端自由度。需要说明的是,无论是把大型相控阵天线划分为多个子阵结构,或是把多个小孔径天线分别安装在分布式平台上构建 MIMO-SAR 系统,差别只在系统及工程实现层面,其基本的信号和数据处理方法几乎是通用的。更进一步的考虑,无论是利用单输入多输出形成多个虚拟相位中心,还是利用多输入多输出获取更多的相位中心,根本目的都是提高系统空间自由度,解决常规模式 SAR 难以突破的固有约束,包括高分辨率宽测绘带成像、对抗复杂的电磁干扰以及场景中慢速运动目标的检测和定位等[137]。

## ◤ 2.3 MIMO-SAR 系统发展跟踪

目前,由于 MIMO-SAR 的研究刚刚进入快速发展的阶段,各方面技术还没有成熟,实际工程当中很多问题还没有得到解决,因此还没有正式工作的 MIMO-SAR 系统。不过,已经有多部星载及机载 SIMO 多通道 SAR 系统已经研制成功,并成功获取了 SAR 图像。SIMO 系统可看作是 MIMO 系统的简化形式,两者的系统配置和信号处理有一定的相似之处,SIMO-SAR 系统的应用及发展能够为 MIMO-SAR 系统的研制提供经验和基础,推动 MIMO-SAR 的快速发展。此外,虽然目前还没有 MIMO-SAR 系统正式工作,但是国内外研究人员在多通道 SIMO-SAR 系统的基础上,正在积极研制各种 MIMO-SAR 实验系统,并取得了一些成果。下面我们将介绍一些典型的 SIMO-SAR 系统以及 MIMO-SAR 实验系统。

### 2.3.1 机载 MIMO-SAR 系统

1)林肯实验室机载 MIMO 雷达实验系统

机载系统方面。2009 年,美国林肯实验室研制了一部 S 波段小型实验性 MIMO 雷达,实验系统如图 2.11(a)所示,并进行了 MIMO-GMTI 实验。该实验采用"双水獭"型飞机作为载机,搭载一部具有最多 6 个独立发射通道以及最多 8 个独立接收通道的 S 波段 MIMO 雷达系统(MIMO 雷达阵列如图 2.11(b)所示)。MIMO 阵列的每个通道都能够被打开或者关闭,从而按需要灵活配置发射和接收通道的数目以及基线。为了检验 MIMO 模式相对于 SIMO 模式的优势,

(a) 机载 MIMO 雷达实验系统

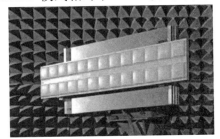

(b) MIMO 雷达阵列

图 2.11　林肯实验室机载 MIMO 雷达实验系统及 MIMO 雷达阵列

该实验同时也做了 SIMO 模式下 GMTI 实验,和 MIMO 模式 GMTI 进行比较。MIMO 模式发射多普勒分多址(Doppler-Division Multiple Access,DDMA)波形,不同发射波形对应的波形在多普勒域占据不同频带,从而可以采用多普勒带通滤波进行波形分离。在多普勒域的回波如图 2.12 所示。SIMO 模式和 MIMO 模式的动目标检测结果,如图 2.13 所示。该实验结果表明,MIMO 模式相对于 SIMO 模式在动目标检测时,动目标的 SINR 提高了约 6dB,这与文献中的理论分析结果非常接近,验证了 MIMO GMTI 在目标检测中的相对优势[138]。

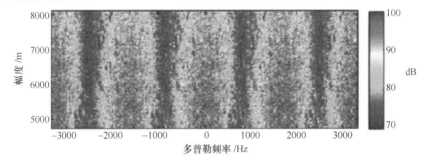

图 2.12　DDMA 波形的回波(见彩图)

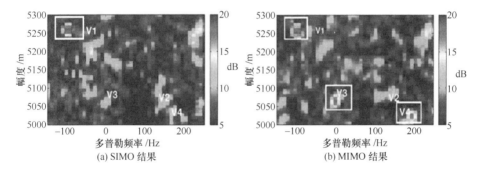

图 2.13　MIT 林肯实验室的机载 MIMO-GMTI 实验检测结果对比(见彩图)

2) PAMIR 系统

PAMIR 是一套是由德国 FGAN-FHR 研究机构设计并制造的 X 波段机载有源相控阵成像雷达实验系统,如图 2.14(a)所示,同时也是一种采用频率分集的机载 MIMO-SAR 系统,可以通过频率分集实现信号之间的完全正交,再运用子带拼接实现超高分辨率,为 AER-Ⅱ 的升级版本。该系统具备多通道 HRWS 成像、高分辨/超高分辨成像、三维成像、多/全极化成像及大场景 GMTI 等功能。PAMIR 系统的天线由 256 个 T/R 组件组成,可以形成 5 个通道,这使得该系统具有良好的 GMTI 能力[138]。图 2.14(b)展示了机载 PAMIR 多功能 SAR 系统的天线,图 2.14(c)为天线子阵。图 2.15 展示了该系统采用子带拼接方法获取的超高分辨成像结果,成像场景为德国西南部城市卡尔斯鲁厄的某广场。同时,由

(a) PAMIR 系统

(b) PAMIR 的天线系统

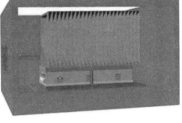

(c) PAMIR 系统天线子阵

图 2.14　机载 PAMIR 多功能 SAR 系统(见彩图)

图 2.15　PAMIR 采用子带拼接方法获取的 0.1m 条带图像

于该多通道 SAR 系统具有垂直航迹基线,所以其具有获取地面数字高程能力,以及三维 SAR 成像能力。图 2.16 展示了 PAMIR 系统对德国西南部城市卡尔斯鲁厄的某广场的三维成像结果。此外,该系统还具有扫描 SAR-GMTI 模式,图 2.17所示为其获取的扫描 SAR-GMTI 数据处理结果。

3) ARTINO 系统

2006 年,德国应用科学研究院(FGAN)在 Christoph. Gierull 研究成果的基础上开始从事利用 Ka 波段调频连续波雷达进行三维 SAR 成像的技术研究,研制

图 2.16　PAMIR 系统三维成像结果图（见彩图）

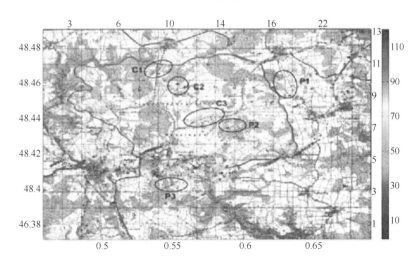

图 2.17　PAMIR 系统扫描 SAR-GMTI 处理结果（见彩图）

了采用 MIMO 模式的机载下视三维成像雷达系统（Airborne Radar for Three dimensionally Imaging and Nadir Observation，ARTINO）。ARTINO 的线性天线阵列安装在机翼下部，和机翼合为一体。发射天线位于阵列两端，接收天线均匀分布于阵列中间。成像时，44 个发射天线交替发射，32 个接收天线同时接收，通过相位中心合成，形成了具有 1408 个通道的虚拟线阵。图 2.18 给出了 ARTINO 下视三维成像原理图。图 2.19 给出了 ARTINO 系统及其天线阵列分布图。随后 Weib 等人对 ARTINO 系统展开了研究，对整个系统的系统组成、雷达工作模式、

图 2.18　ARTINO 下视三维成像原理图(见彩图)

(a) ARTINO 系统

(b) 天线阵列分布图

图 2.19　ARTINO 系统及其天线阵列分布图(见彩图)

三维成像原理以及三维成像算法进行了深入分析。Klare 等人针对机翼振动导致阵列误差等问题,分析了误差对成像的影响,提出了相应的误差校正方法。

### 2.3.2　星载 MIMO-SAR 系统

将 MIMO 雷达与星载 SAR 相结合,为解决常规 SAR 面临的方位向高分辨与测绘带宽相互矛盾以及慢速运动目标检测等实际问题提供了新的技术途径。随着卫星功能的要求越来越高,大型卫星逐渐暴露出开发成本高、研制周期长、应急发射困难、快速反应能力差的弊端。相反,微小卫星系统具有应急能力强、建设周期短、投资风险小、发射费用低等优点,已成为各国争先研究的热点。基于微小卫星星簇的多输入多输出雷达技术成为该趋势下的必然产物。微小卫星所具备的优势加上 MIMO 雷达所能提供观测功能和性能的提高,使微小卫星星簇MIMO雷达系统成为具有广泛应用前景的新型航天信息获取力量。

微小卫星星簇 MIMO 雷达系统是多功能一体化的综合信息系统,具有多模式、多功能、高效能的信息获取和应用能力。通过微小卫星星簇多功能一体化综合信息系统的构建,将改善目前大卫星发展中逐渐暴露出开发成本高、研制周期长、应急发射困难、快速响应能力差的劣势,不仅充分利用微小卫星安全、经济、快速响应的优势,还结合分布式 MIMO 雷达先进技术提高系统多模式工作的综合性能,成为新一代的多功能卫星系统,更有利于未来一体化作战体系的实现。

微小卫星星簇 MIMO 雷达系统,比单星系统(不论是单颗大卫星还是单颗小卫星)具有的优势包括两个方面。

### 2.3.2.1　微小卫星星簇 MIMO 雷达系统的优点

微小卫星星簇 MIMO 雷达系统具有安全性、经济性、快速进入空间、快速重组和布防等优点。随着卫星侦察技术的发展,反卫星技术也得到了快速的发展,各国纷纷研究了战时摧毁敌方卫星的技术。此时,传统的大体积、大重量卫星系统极易受到反卫星武器的攻击,且受成本和运载设备的限制,很难在短时间内再次部署。

微小卫星星簇 MIMO 雷达系统成本低,具有机动灵活、快速响应、应急发射、失效补充等能力,对于缓解航天侦察装备体系在战时面临的安全威胁有着积极作用。采用多星协同、网络互联工作,可按需发射,整个系统的性能可分阶段提高,系统结构具有很强的适应力,星簇的几何形状和卫星个数均不固定,可按任务进行重新配置以应对不同需求。

### 2.3.2.2　微小卫星星簇 MIMO 雷达系统的潜力

微小卫星星簇 MIMO 雷达系统,基于分布式 MIMO 模式,本身具备提高系统性能指标的潜力。

1) 同时实现高分辨率宽观测带 SAR 成像

微小卫星星簇 MIMO 雷达系统,采用多星分布式组网以及多输入多输出(MIMO)模式,增加了系统自由度,缓解常规 SAR 系统在分辨率和观测带之间的固有矛盾,在同时实现高分辨率和宽观测带方面具有模式优势。如采用方位向 MIMO-SAR 技术可实现比模式较为先进的单输入多输出 DPCA 方法几乎多出一倍指标的 HRSW 成像。其基本原理是利用方位向空间维采样的增加换取时间维采样的减少,在保证方位向采样率不变的情况下降低 PRF,从而允许展宽测绘带或提高方位向分辨率。

2) 同时多模式 SAR 成像

传统合成孔径雷达系统设计中宽测绘带覆盖和高方位分辨率的需求相互矛盾,推动了在空间覆盖和方位分辨率之间具有不同折中的各种先进 SAR 成像模式的发展,出现了诸如 ScanSAR、聚束 SAR、滑动聚束 SAR、TOPSAR、马赛克 SAR 等新的成像模式。但这些模式在某一方面的性能提升均以另一方面性能降低为代价,如 ScanSAR 模式增加了测绘带宽度却降低方位分辨率,聚束 SAR 模式提高了分辨率却带来了成像区域的不连续。

然而,在海洋监视与救援、灾害监视与评估等应用中,往往既需要大面积的监视信息又需要对重点区域、重点目标进行详细勘察。此时,要求 SAR 系统同时实现 ScanSAR 和聚束 SAR。微小卫星星簇 MIMO 雷达系统,可实现同时多模式 SAR,有利于不同等级信息的一次性获取,提高了信息的获取时效。

3) 实现高性能动目标检测

微小卫星星簇 MIMO 雷达系统的多颗卫星之间间隔可以灵活配置,因此可提高对地面慢速运动目标的检测灵敏度,大大降低地面运动目标的最小可检测速度。

微小卫星星簇 MIMO 雷达系统基于 MIMO 雷达的动目标检测技术具有如下优势:

(1) 在同样阵列配置的条件下,MIMO 雷达更高的自由度增强了系统对杂波和干扰的抑制能力,因此对于场景中弱小、慢速运动目标的检测能力更强;

(2) MIMO 雷达采用分集波形,通过多波形融合检测技术能够提高动目标检测概率,消除盲速;

(3) MIMO 雷达系统具有远多于实际天线数目的系统自由度,因此在利用部分系统自由度实现高分辨宽测绘带成像的同时,仍然具备很强的动目标检测能力。MIMO 雷达这一优势对于实现大场景动目标监视具有重要价值。

4) 获得高精度干涉图像

传统星载 InSAR 高程测量一般采用双航过模式来实现。几年来的研究表明利用双航过星载 SAR 获得的数据进行地形高程测量的制约条件很多,特别是由于时间去相关性对数据处理影响较大,有时甚至无法获取干涉图,并且这种影响难以预测和消除。当作为对时间性要求很强的战术应用,要求及时获得高程数据,就更显出其不足。

而微小卫星星簇 MIMO 雷达系统采用多星组网,可以仅在单航过模式下提供多基线和长基线,通过对多基线数据进行联合处理可以大大提高所获得的数字高程图的精度和质量,以及对高复杂地形进行三维重构,这是单颗大卫星 SAR 系统所远远不能比拟的。

5) 具有较强的抗干扰能力

微小卫星星簇 MIMO 雷达系统,能提供比单星在时间、空间和频域上更多的自由度,可以设计有效的抗干扰方法。

随着微小卫星所具备的优势加上分布式 MIMO 雷达所能提供观测功能和性

能的提高,使微小卫星星簇 MIMO 雷达系统成为具有广泛应用前景的新型航天信息获取手段。这也使得在未来战争中,MIMO-SAR 模式的星载成像系统与传统 SAR 相比,将构成更大的军事威胁,因此需要针对微小卫星星簇的 MIMO-SAR 开展对抗技术的研究。

### 2.3.2.3　微小卫星星簇 MIMO 雷达系统举例

1）"TechSat-21"和"SAR Train"分布式小卫星群雷达系统

在星载系统方面。最早体现 MIMO-SAR 思想的系统是 1998 年美国提出的"TechSat-21 分布式小卫星群雷达系统",其设计构想是:由 8～16 颗编队飞行的小卫星模拟 1 颗虚拟大卫星,每颗小卫星雷达发射信号照射同一地区,同时接收所有小卫星雷达的回波,通过星间链路协同工作和稀疏孔径信号处理实现 SAR、GMTI 和 InSAR 等功能,该系统构架如图 2.20(a)所示。2002 年,法国提出"SAR Train"概念,SAR Train 构型把单颗卫星 SAR 的天线面积或者功率有效地分配给 $N$ 颗卫星,利用多颗卫星接收信号的相干性,充分提高系统的测绘带宽与分辨率。系统构架如图 2.20(b)所示。

(a) TechSat-21 系统构架示意图　　　　(b) SAR Train 系统构架示意图

图 2.20　系统构架示意图(见彩图)

2）RADARSAT-2 系统

2007 年 12 月 14 日发射升空的 RADARSAT-2 是由加拿大太空署和 MDA 公司合作研制的 C 波段高分辨商用星载 SAR 系统。RADARSAT-2 是星载多通道全极化 SAR 系统,具有 12 种工作模式,其中超精细模式可获得 3m×3m 分辨率的 SAR 图像[138]。图 2.21(a)所示为 RADARSAT-2 卫星系统。RADARSAT-2 系统采用了相控阵天线,可沿方位向形成两个接收通道,进而具备高分辨宽测绘带成像和动目标检测能力,图 2.21(b)所示为相控阵天线的子阵示意图,图 2.21(c)为该系统的工作及成像模式。图 2.22 给出了 RADARSAT-2 动目标检测和定位结果。

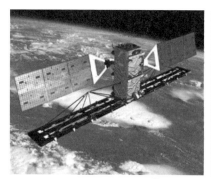
(a) RADARSAT-2 卫星

(b) RADARSAT-2 天线子阵

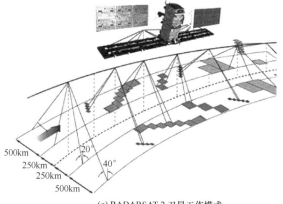
(c) RADARSAT-2 卫星工作模式

图 2.21　加拿大 RADARSAT-2 系统(见彩图)

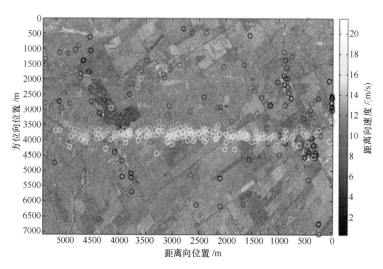

图 2.22　RADARSAT-2 动目标检测和定位结果(见彩图)

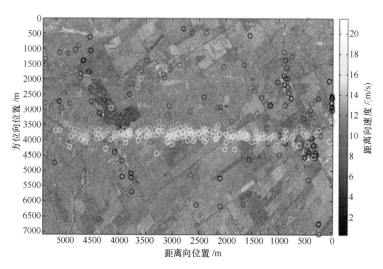

数字阵列合成孔径雷达

### 3）TerraSAR-X 和 TanDEM-X 系统

2009 年开始工作的 TerraSAR-X 双接收天线（Dual Receive Antenna,DRA）模式是世界上第一个也是目前唯一一个在轨运行的星载多通道 HRWS SAR 系统,目前仅用于条带模式 HRWS 成像实验验证[138]。该系统将整个天线沿方位向划分为两个独立的接收通道,双天线尺寸均为 2.4m,如图 2.23 所示。系统工作时,整个天线阵面发射信号,两个通道同时独立接收回波。其系统参数如表 2.1 所示。

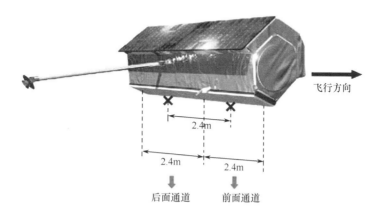

飞行方向

2.4m

2.4m　2.4m

后面通道　前面通道

图 2.23　TerraSAR-X DRA 模式（见彩图）

表 2.1　TerraSAR-X DRA 数据录取参数

| Parameters | Data take 1 | Data take 2 |
| --- | --- | --- |
| Acq. date | 25. 04. 2009 | 24. 03. 2010 |
| Time（UTC） | 06:02:36 | 04:39:34 |
| Duration | 8. 76s | 15. 81s |
| Region | Barcelona,Spain | Hawaii,USA |
| PRF | 3. 773kHz | 2. 852kHz |
| Uniformity | 118. 4% | 89. 5% |
| Chirp BW | 150MHz | 100MHz |
| Chirp length | 47. 7μs | 63. 1μs |
| Polarization | HH | HH |
| Mode | Stripmap | Stripmap |

由于方位欠采样,单个通道回波存在多普勒模糊,模糊次数约为2。Terra-SAR-X DRA 模式获取的夏威夷毛伊岛数据单通道数据成像结果如图 2.24(a)所示,采用方位 DBF 对两通道回波进行多普勒解模糊后,得到的成像结果如图 2.24(b)所示。可以看出,经过方位 DBF 后,多普勒模糊得到了有效的抑制。该实验模式首次验证了星载高分辨宽测绘带 SAR 成像的可行性,为未来星载HRWS MIMO-SAR 的进一步发展奠定了基础,具有非常重要的标志性意义[138]。

(a) 单通道成像结果

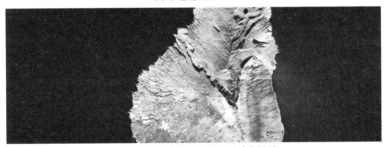

(b) 双通道解模糊处理后的成像结果

图 2.24　TerraSAR-X DRA 模式获取的夏威夷毛伊岛数据成像结果

2010 年 6 月,TerraSAR-X 的姊妹星发射升空,同年 10 月,两颗卫星编队飞行,组成 TanDEM-系统,如图 2.25 所示。该编队卫星采用前后跟随飞行的空间构型,每颗 TerraSAR-X 卫星的平板阵列天线都可以沿方位向划分为两个子阵,每个子阵连接独立的发射和接收通道,可根据需要在单输入多输出(SISO)、多发单收(MISO)和多输入多输出(MIMO)等多种模式之间自由切换,实现干涉测高、宽测绘带成像以及地面运动目标检测等功能。

4)干涉车轮

干涉车轮(Interferometric Cart Wheei,ICW)是法国国家太空中心(Centre National d'EtudesSpatials,CNES)研制的多功能微小卫星群系统,该系统利用 3 颗微小卫星进行编队,1 颗在轨大卫星 SAR 作为对地面的照射源,每颗微小卫星只被动地接收回波信号,由于可以同时获得多条基线的数据,该系统具有抗时间

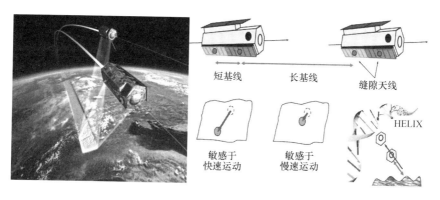

图 2.25  德国 Tandem-X 卫星编队利用灵活的长、短基线实现 GMTI（见彩图）

去相关的能力。同时，由于该系统可以在任意时间获得垂直于航向的基线和平
行于航向的基线，可以同时进行多种处理：利用垂直于航向的基线测地面高程
（DEM）、利用沿着航向的基线测海面洋流速度都是干涉车轮系统的具体应用。
图 2.26 和图 2.27 分别给出了干涉车轮星座示意图以及干涉车轮和 Terra SAR-
L 配合星座示意图。

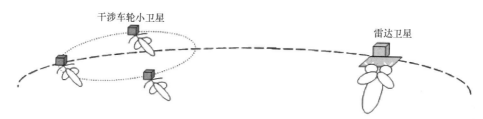

图 2.26  干涉车轮星座示意图（见彩图）

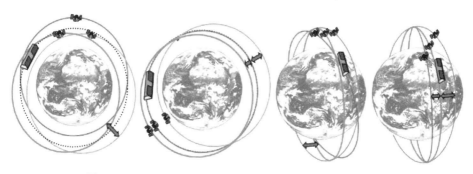

图 2.27  干涉车轮和 TerraSAR-L 配合星座示意图（见彩图）

5）COSMO-SkyMed

COSMO-SkyMed（宇宙地中海）系统是一个由意大利航天局和意大利国防部
共同研发的 4 颗雷达卫星组成的星座（卫星参数如表 2.2 所示），目前 4 颗卫

已全部在轨运行。COSMO-SkyMed 系统的每颗卫星配备有一个多模式高分辨率合成孔径雷达(SAR),该雷达工作于 X 波段(3.1cm),并且配套有特别灵活和创新的数据获取和传输设备,如图 2.28 所示。COSMO-SkyMed 系统为具有全球覆盖能力,适应各种气候的日夜获取能力,高分辨率、高精度、高干涉/极化测量能力。在 COSMO-SkyMed 一代星座之后,还将发射 COSMO-SkyMed 二代卫星星座,以后还计划发射 L 波段卫星。

表 2.2　COSMO-SkyMed 卫星参数

| 运营单位 | 意大利空间局 |
| --- | --- |
| 发射时间 | COSMO 1: 2007 – 6 – 8<br>COSMO 2: 2007 – 12 – 8<br>COSMO 3: 2008 – 10 – 25<br>COSMO 4: 2010 – 11 – 6 |
| 状态 | 2015 年正常工作 |
| 轨道高度 | 619.6km |
| 轨道类型 | 近极地太阳同步轨道 |
| 重复轨道周期 | 16 天 |
| 测绘带宽 | (SAR):10 ~ 200km(取决于工作模式) |

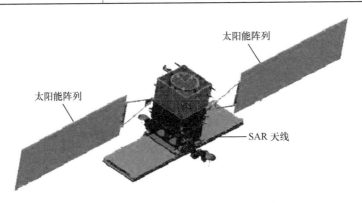

图 2.28　COSMO-SkyMed 卫星(见彩图)

每颗 COSMO-SkyMed 卫星所荷载的传感器可以在三种波束模式下工作:①聚束模式(SPOTLIGHT),包含模式 1 和模式 2,其中模式 1 只限于军用。SPOTLIGHT-2 的分辨率高达 1m,幅宽 10km × 10km;②条带模式(STRIPMAP),包含 Himage 和 PingPong 两种成像模式,分辨率分别为 3m 和 15m,幅宽分别为 40km × 40km 和 30km × 30km;③扫描模式(SCANSAR),包含 WideRegion 和 HugeRegion

两种成像模式，分辨率分别为 30m 和 100m，幅宽分别为 100km × 100km 和 200km × 200km。具体可见图 2.29 和表 2.3。

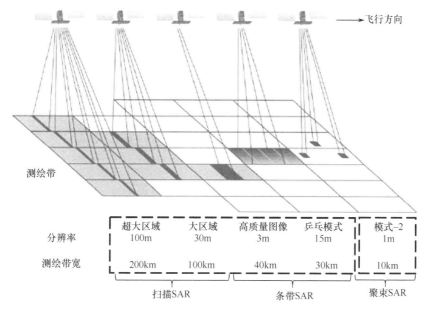

图 2.29 COSMO-SkyMed 卫星成像模式（见彩图）

表 2.3 COSMO-SkyMed 卫星成像模式及参数

| 成像模式 | | 影像分辨率 | 单景影像覆盖范围 | 入射角 | 极化方式 |
|---|---|---|---|---|---|
| 聚束模式 (SPOTLIGHT) | | 1m | 10km×10km | 20°～60° | HH、VV 可选 |
| 条带模式 (STRIPMAP) | Himage | 3m | 40km×40km | 20°～60° | HH、HV、VH、VV 可选 双极化组合可选于 HH/VV、HH/HV、VV/VH |
| | PingPong | 15m | 30km×30km | | |
| 扫描模式 (SCANSAR) | WideRegion | 30m | 100km×100km | 20°～60° | HH、HV、VH、VV 可选 |
| | HugeRegion | 100m | 200km×200km | | |

COSMO-SkyMed 成像结果如图 2.30 所示。

图 2.30　COSMO-SkyMed 成像结果图

### 2.3.3　其他系统

2011 年,荷兰代尔夫特大学的 Alexander G. Yarovoy 等人搭建了一套数字阵列模式的超宽带 DBF-MIMO-SAR 试验验证系统(图 2.31)。使用稀疏阵列实现和密集阵列一致的分辨率,并在近距离应用中验证了 MIMO-SAR 的优越性能。

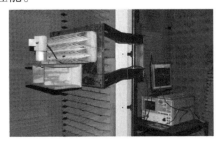 

图 2.31　荷兰代尔夫特大学超宽带 DBF-MIMO-SAR 试验验证系统

2014 年,德国 FHR 研制了 Ka 波段 MIMO 模式成像、定位雷达:MILA-CLE MIMO,如图 2.32 所示。该雷达可以进行广域成像和运动目标检测。系统采用 MIMO 技术,利用 16 个发射阵元和 16 个接收阵元,形成 256 个虚拟阵列。该雷达样机作用距离为 1km,可以对人员进行成像和检测,甚至能对人体目标的呼吸活动进行检测、分析。实验证明了 MIMO 模式可以在较小系统阵列规模的情况下,实现超越常规模式雷达的性能。

图 2.32　德国 FHR 的 MILA-CLE MIMO 雷达

# 2.4　MIMO-SAR 关键技术跟踪

## 2.4.1　正交波形设计

MIMO 雷达可以看作一种空间天线复用技术,每个天线都能够既发射信号同时又能够接收信号,从而增加系统自由度。为实现 MIMO 雷达的上述优势,需要发射信号彼此独立,尽量减少多波形之间的相互影响,正交波形设计是实现高性能 MIMO SAR 成像的基础。

良好特性的波形集设计是 MIMO 雷达的研究热点之一,国内外学者以模糊函数、信息论和统计理论以及最大化系统信杂比等为设计准则,对 MIMO 雷达正交波形设计及优化问题开展了广泛研究。MIMO 雷达中实现波形正交主要有两种方式。第一,频率分集,多个波形分别占据不同的频谱支撑域,对任意时延都具有近似理想的自相关和互相关特性,但该频率分集降低了频谱利用效率,对于频谱资源紧张的场合,难以保证有足够的频谱范围,另外频率分集降低了多通道之间的相参性,降低了干涉 SAR 以及 GMTI 性能;第二,同频编码波形,多个波形具有相同的中心频率和带宽,通过优化相位编码获得良好的自相关和互相关特性的波形集。虽然相位编码、离散频率编码等波形在 MIMO 雷达中得到广泛研究和应用,但这类波形通常难以直接应用到 MIMO SAR 雷达成像中,究其原因有如下几点:

(1) 通常 MIMO 雷达属于对空监视雷达,目标通常采用散射点模型建模,为保证弱散射目标不被邻近的强目标回波掩盖,只需要要求波形相关函数具有较好的峰值旁瓣比(PSLR)性能;而基于 MIMO 雷达的 SAR 成像属于对地观测的范畴,为确保场景中的暗回波区域不被邻近强散射区域所污染,通常更加关注波形集相关函数的积分旁瓣比(ISLR)特性。当前大多数正交波形设计都以空间目标检测、跟踪以及成像为目的,以获得最大信噪比为准则设计波形,得到的波形集相关函数的 ISLR 性能不高,难以满足 SAR 成像对图像对比度的要求。

(2) SAR 通过脉冲压缩实现距离向高分辨,因此 SAR 通常发射脉冲压缩波形。LFM 信号是 SAR 常用的波形样式,但 LFM 难以在相同的频谱支撑域内设计具有正交特性的波形集;跳频编码脉冲串,如 Costa 调制码、步进频等,要求系统具有较高的 PRF,影响系统其它性能的实现。相位编码信号是另外一种常见的脉冲压缩信号,但是频谱利用率低,"大时宽 – 带宽积"波形往往需要较多的子脉冲,如图 2.33 所示。以 40μs 为例,为达到 1m 的距离分辨率,脉冲码长为6000,设计如此之多且具有良好自相关特性和互相关特性的编码波形十分困难。

(3) 相位编码波形属于多普勒敏感波形,当场景相对平台具有较高的多普勒频移时,将导致脉冲压缩滤波器失配,引起较大的信噪比损失。

(4) 虽然相位编码、离散频率编码等波形在 MIMO 雷达中得到广泛研究和应用,但这类波形通常需要复杂的接收机滤波器设计实现脉冲压缩,方位向距离徙动校正(RCMC)以及方位向聚焦处理更加复杂,难以利用传统 SAR 处理器进行成像,从而增加了系统复杂度和硬件成本。所以,当前基于 MIMO 雷达应用为目的设计的正交波形难以直接应用到 MIMO-SAR 中,需要结合 SAR 实际应用需求设计符合系统要求的波形集[137]。

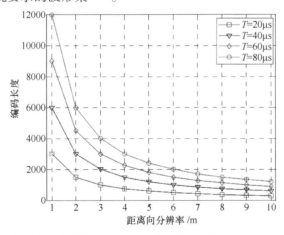

图 2.33　距离分辨率与相位编码长度关系(见彩图)

常规 SAR 一般采用线性调频(Linear Frequency-Modulated Signal, LFM)波形,该波形突出的优点是匹配滤波器对回波信号的多普勒频移不敏感,即具有很大的多普勒容限。但基于 LFM 的波形设计,如正 – 负线性调频信号,难以获得理想的互相关特性,Mittermayer J 等人研究了利用正 – 负线性调频信号进行宽测绘带 SAR 成像,但该信号较高的互相关副瓣,降低了 MIMO SAR 性能。电子科技大学的王文钦提出了 OFDM-LFM 波形,该波形由一串子脉冲组成,每个子脉冲由多个线性调频信号线性叠加形成,而每个线性调频信号占据整个信号带宽的一个子频带,本质上是一种频率分集波形。图 2.34 给出了一对 OFDM 波形时频图。然而,OFDM 波形在设计时部分避免了不同波形回波间的干扰,相对于正交波形改善了回波分离效果,在对较小场景成像时能够获得良好的成像质量,但是在场景宽度较大时,回波间干扰仍然存在,无法满足宽测绘带 SAR 成像的要求。Sammartino P F 等人研究了 MIMO 频率分集波形,频率分集会导致波束图随距离变换,需要更加复杂的处理方法。王力宝提出了基于同频编码的"伪随机相位 – 有符号线性调频信号正交信号集"和基于频率分集的"伪随机相位 – 离散频率编码正交信号集"[137]。

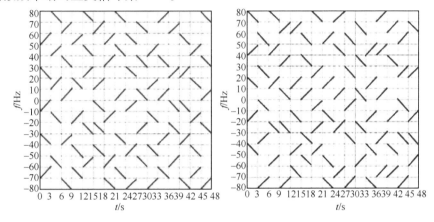

图 2.34　王文钦提出的 OFDM 波形时频图

综合考虑 MIMO SAR 对波形特性的要求,虽然各种调制方式的正交信号在 MIMO 雷达领域得到广泛研究,但是 MIMO SAR 究竟采用何种最优波形尚未形成统一认识。根据实际应用需求,设计满足系统要求的正交波形集是实现 MIMO SAR 需要解决的关键技术问题之一[137]。

### 2.4.2　高分辨率宽测绘带

方位向高分辨率和宽测绘带之间相互制约的矛盾问题是星载 SAR 系统发展的主要瓶颈之一。多通道 SAR 系统通过俯仰向/方位向增加多个接收通道,利用系统空间自由度消除距离向或方位向模糊,是缓解上述矛盾问题的有效途径之一。然而,在星载平台尺寸、载荷、功率以及成本等因素受限的条件下,通常难以获得足够的接收通道数目,因此系统解模糊能力有限。MIMO 雷达的模式优势在于利用较少的天线获得较高的空间自由度,因此 MIMO-SAR 在解决方位向高分辨率与测绘带宽的矛盾问题上,具有优于常规单通道或多通道 SAR 的系统性能,是未来 SAR 系统发展的重要方向之一。

在国外,德国宇航中心的 Krieger 等人对 MIMO-SAR 进行了深入研究,指出 MIMO 雷达与 DBF 技术相结合是解决星载 SAR 系统固有约束的有效途径,也是未来 SAR 系统的重要发展方向。DBF MIMO-SAR 的基本思想是:在发射端通过方位向或俯仰向多子阵同时发射多个正交编码信号覆盖宽测绘带成像场景,接收时利用系统快速、灵活的数字波束形成能力实现回波分离和解模糊,从而有效缓解方位向高分辨率与宽测绘带的矛盾。

国内方面,西安电子科技大学的井伟等人提出了基于多子带并发的 MIMO-SAR 高分辨宽测绘带成像方法,通过综合利用 MIMO 雷达多相位中心回波的相位信息解方位向模糊,利用多子带并发频率步进信号合成宽带距离向信号,进而实现高分辨宽测绘带成像。基于离散频率编码正交波形集,西安电子科技大学的武其松等人提出了 3 种 MIMO-SAR 高分辨宽测绘带成像策略,包括多维波形编码俯仰向线阵 MIMO-SAR、多维波形编码面阵 MIMO-SAR 以及多维波形编码多频面阵 MIMO-SAR,并探讨了相应的成像处理算法。国防科技大学的王力宝等人以星载 MIMO-SAR 为研究对象,分析了采用空间采样代替时间采样而引入的等效相位中心误差,在引入系统权衡自由度的基础上,研究了频率波形设计分集波形 MIMO-SAR 以及编码正交波形 MIMO-SAR 的高分辨率宽测绘带成像技术。电子科技大学的王文钦等人对 MIMO-SAR 成像涉及的波形设计、信号分离以及成像方法等问题开展了深入研究[137]。

## 2.4.3　运动目标检测

GMTI 是 MIMO-SAR 的一个重要应用。主要优点:①多个相隔一定间距的发射天线发射不同的正交波形,以不同的视角观测目标,目标经过不同的路径,目标散射系数为独立的随机变量,不同的正交波形携带不同的目标信息,接收机使用匹配滤波器组提取正交波形,对接收到的多路信号进行综合处理可以有效地检测动目标。②不同发射天线产生的相位差和不同接收天线产生的相位差能形成一个虚阵列导向矢量,通过合理设计天线位置,就能得到大的虚拟等效阵列,从而极大地提高杂波分辨率。同时,相对于单输入多输出而言,多输入多输出系统提高了系统自由度,更加有利于 STAP 杂波抑制。从另一角度来看,MIMO 雷达作为一种新兴的雷达模式,最根本的优势在于波形分集增大了阵列虚拟孔径,提高了系统自由度。在 SAR 静态场景成像和动目标检测,尤其是慢动目标检测方面具有优势。多输入多输出增加了系统自由度,增强了系统对静止场景的杂波抑制能力;MIMO 雷达长时间积累及大的虚拟孔径也能够降低 GMTI 的最小可检测速度(MDV)[137]。

2009 年国际波形分集及设计会议上,MIT Lincoln Laboratory 的 Bliss 分析了

相参 MIMO 雷达(即紧凑式 MIMO 雷达)进行地面动目标检测的相关技术,作者认为相参 MIMO 雷达的根本优势在于能够利用稀疏阵列配置却不带来旁瓣效应,从而将大稀疏孔径天线应用于 GMTI 能够提高角分辨率,降低最小可检测速度。Bliss 等人还对 MIMO GMTI 发射波形、检测概率、参数估计等进行了研究,认为 MIMO 模式 GMTI 具有更高的慢动目标检测能力和更精确的参数估计能力。Rabideau 等对 MIMO 雷达系统杂波特性及杂波抑制方法进行了研究[137]。乔治亚技术研究所正在研发的 8 通道 X 波段无人机载实验雷达系统,能够测试多通道自适应技术,MIMO 雷达技术,波形分集技术,以及基于 MIMO 模式的 STAP 算法验证。图 2.35 给出了利用 STAP 对杂波和干扰进行抑制的效果图,其中对角线方向为杂波响应区域,60°位置为干扰相应图,从中可以看到,对杂波和干扰的抑制可达 50dB。

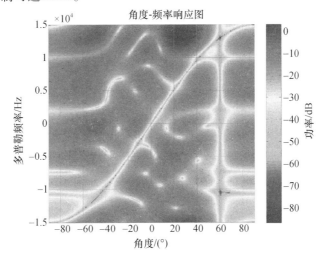

图 2.35　利用空 – 时自适应信号处理实现杂波和干扰的抑制(见彩图)

因此,针对 MIMO SAR 高自由度、大数据量的特点,迫切需要探索新型的快速有效的动目标检测方法。

# 第 ③ 章
# 高分辨率宽测绘带 SAR 成像技术

## ▨ 3.1　数字阵列雷达及数字波束形成

### 3.1.1　数字阵列雷达

　　波束形成的目的是为了发射或接收信号时使波束指向某一特定角度,常使用具有高增益的天线,比如平面相控阵天线和抛物面天线,使其在感兴趣的区域波束扫描。传统的波束形成无论是高频还是中频部分,均使用硬件来实现模拟部分,为模拟波束形成,主要有以下两种方式:①RF 单个波束形成,如图 3.1(a)所示;②RF 波束形成通过模拟波束形成得到可调节的波束,如图 3.1(b)所示。对于模拟波束形成最重要的是 T/R 组件,在 T/R 组件中设置幅度和相位调节加权系数,通过调节阵列天线每个阵列的相位和幅度来实现波束形成。上述两种波束形成方法常采用模拟器件(如移相器、时延单元及波导等)来形成一个或者少数几个波束。

　　随着高性能计算机、大规模集成电路和数字信号处理技术的发展,20 世纪 90 年代将固态有源相控阵天线与数字波束形成相结合,极大地促进了雷达技术的发展。数字波束形成(DBF)如图 3.1(c)所示,是一种以数字技术来实现波束形成的技术,它保留了天线阵列单元信号的全部信息,并可采用先进的数字信号处理技术对阵列信号进行处理,可以获得优良的波束性能。例如,可自适应地形成波束以实现空域抗干扰,可进行非线性处理以改善角分辨率。此外,数字波束形成还可以同时形成多个独立可控的波束而不损失信噪比;波束特性由权矢量控制,因而灵活可变;天线具有较好的自校正和低副瓣性能。

　　数字波束形成(DBF)的很多优点是模拟波束形成不可能具备的,对提高雷达的性能有着深远影响,因而越来越得到人们的极大重视。下面分别就接收数字波束形成、发射数字波束形成的基本概念作简要介绍。

　　1) 接收数字波束形成

　　接收 DBF 就是在接收模式下以数字技术来形成接收波束。接收数字波束

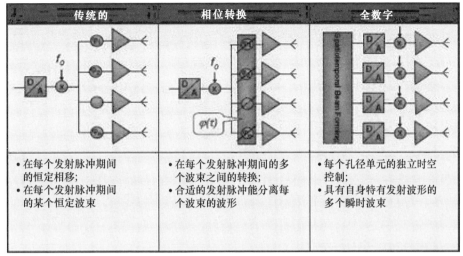

|  传统的  |  相位转换  |  全数字  |
| --- | --- | --- |
| • 在每个发射脉冲期间的恒定相移；<br>• 在每个发射脉冲期间的某个恒定波束 | • 在每个发射脉冲期间的多个波束之间的转换；<br>• 合适的发射脉冲能分离每个波束的波形 | • 每个孔径单元的独立时空控制；<br>• 具有自身特有发射波形的多个瞬时波束 |
| (a) RF单个波束形成 | (b) RF波束形成示意图 | (c) 数字波束形成示意图 |

图 3.1　波束形成技术的发展(见彩图)

形成系统主要由天线阵单元、接收组件、A/D 变换器、数字波束形成器、控制器和校正单元组成。接收数字波束形成系统将空间分布的天线阵列各单元接收到的信号分别不失真地进行放大、下变频、检波等处理变为视频(中频)信号，再经A/D 变换器转变为数字信号。然后，将数字信号送到数字处理器进行处理，形成多个灵活的波束。数字处理分成两个部分：波束形成器和波束控制器。波束形成器接收数字化单元信号和加权值而产生波束；波束控制器则用于产生适当的加权值来控制波束。

2）发射数字波束形成

发射 DBF 是将传统相控阵发射波束形成所需的幅度加权和移相从射频部分放到数字部分来实现，从而形成发射波束。发射数字波束形成系统的核心是全数字 T/R 组件，它可以利用 DDS 技术完成发射波束所需的幅度和相位加权以及波形产生和上变频所必需的本振信号。发射数字波束形成系统根据发射信号的要求，确定基本频率和幅/相控制字，并考虑到低副瓣的幅度加权、波束扫描的相位加权以及幅/相误差校正所需的幅相加权因子，形成统一的频率和幅/相控制字来控制 DDS 的工作，其输出经过上变频模式形成所需工作频率。

综上所述，可知数字阵列雷达是一种收、发均采用 DBF 技术的全数字化阵列扫描雷达。在全数字波束形成中，每个阵元的相位和幅度通过空时自适应的数字波束形成来控制，可形成多个独立的波束，并且每个 Tx 可以发射独立的波形，实现空间分集。也就是说，使用全数字波束形成，可以得到空间分集的多波束，同时能有效地自适应进行空域和时域滤波。概括来说，数字波束形成的主要优点包括：

（1）能同时形成多个独立可控的波束，以适应特定干扰环境及对多个目标进行探测和跟踪；

（2）无惯性捷变波束方向，实现重复周期内波束时分控制和功率分配，具有灵活快速的波束扫描能力；

（3）能实现对干扰的自适应零点形成，有效抑制干扰；

（4）能方便地实现系统自校准和定标功能，获得超低副瓣方向图；

（5）可利用阵列信号处理技术，对所有通道接收信号进行空间谱估计，获得角度超分辨。

### 3.1.2 数字波束形成基本原理

假设有 $N$ 个天线阵元，分别连接到 $N$ 路接收通道，阵元间距为 $d$，如图 3.2 所示，回波信号指向各阵元的方向角为 $\theta$，信号波长为 $\lambda$，相邻阵元的空间相位差为

$$\Delta\varphi = 2\pi d\sin(\theta/\lambda) \tag{3.1}$$

第 $n$ 个阵元接收到 $\theta$ 方向的信号为 $s_n$，那么

$$s_n = \sigma_0\exp(j(n\Delta\varphi + \alpha)) \tag{3.2}$$

式中：$\sigma_0$ 为回波信号幅度；$\alpha$ 为基准通道相位。

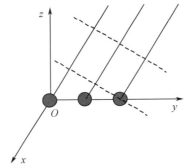

图 3.2　阵元接收信号与位置的关系示意图

若要使接收通道的波束指向 $\theta_0$，则阵内相邻通道的相位差补偿值为

$$\Delta\varphi_0 = 2\pi d\sin(\theta_0/\lambda) \tag{3.3}$$

对 $s_n$ 进行相位补偿后相加得阵列输出为

$$X = \sum_{n=0}^{N-1} s_n\exp(j(-n\Delta\varphi_0)) = \boldsymbol{W}^{\mathrm{H}}\boldsymbol{S} \tag{3.4}$$

式中：$\boldsymbol{S}$ 为信号矢量，$\boldsymbol{S} = [s_1, s_2, \cdots, s_n]^{\mathrm{T}}$；$\boldsymbol{W}$ 为加权系数矢量。

取 $\boldsymbol{W} = [1, \exp(j\Delta\varphi_0), \exp(j(N-1)\Delta\varphi_0)]^{\mathrm{T}}$，$X$ 的绝对值为

$$|X| = \sigma_0 \left| \frac{\sin(N(\Delta\varphi - \Delta\varphi_0)/2)}{\sin((\Delta\varphi - \Delta\varphi_0)/2)} \right| \tag{3.5}$$

则 $X$ 在 $\theta = \theta_0$ 方向上输出最大,此外进行幅度加权,可降低波束方向图副瓣。从式(3.5)可以看出,对于选定阵列天线的数目,可以控制天线的波束宽度;设定 $\theta_0$,改变加权值,即可调整天线波束方向,图 3.3 给出了阵列天线方向图的两个例子。图 3.3(a)给出的是均匀加权时,阵元数分别为 4、8、16 时的方向图对比;图 3.3(a)给出的是波束中心指向 $\theta_0 = 35°$ 的阵列天线方向图。

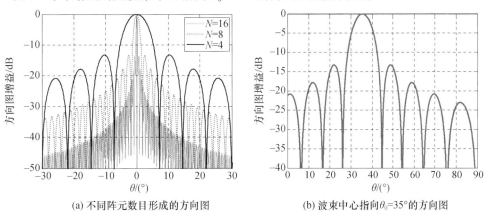

(a) 不同阵元数目形成的方向图　　　　(b) 波束中心指向 $\theta_0 = 35°$ 的方向图

图 3.3　阵列天线方向图举例( 见彩图)

　　DBF 算法可以分为两大类:固定系数 DBF 算法和自适应 DBF 算法。如果加权系数为固定的复数,称为非自适应 DBF。如果加权系数根据由阵元获取的空间信号源与干扰源数据,按某种准则实时调整加权系数,则称为自适应 DBF。

　　固定系数 DBF 是指各阵元接收信号的加权系数是固定复数,不随输入信号的变化而变化,典型算法有空间零点预处理波束形成算法等。假设 $M$ 个信号到达方向为 $\boldsymbol{\varphi} = [\phi_1, \phi_2, \cdots, \phi_M]$,所需信号方向为 $\phi_1$,其他方向为干扰信号。空间有 $N$ 个阵元组成的阵列,阵元接收信号矢量为 $\boldsymbol{S}(t)$,权矢量为 $\boldsymbol{W} = [\omega_1, \omega_2, \cdots, \omega_N]$,使用权矢量 $\boldsymbol{W}(t)$ 对 $\boldsymbol{S}(t)$ 进行加权,使其能消去 $\phi_2, \cdots, \phi_M$ 方向上的信号,即

$$\boldsymbol{W} \cdot \boldsymbol{A}(\phi) = \boldsymbol{B} \tag{3.6}$$

式中:$\boldsymbol{B} = [b, 0, 0, \cdots, 0]_{1 \times M}$,$b$ 为复常数;$\boldsymbol{A}$ 为导向矢量所构成的矩阵。

$$\boldsymbol{A} = \begin{bmatrix} a_1(\phi_1) & a_1(\phi_2) & \cdots & a_1(\phi_M) \\ a_2(\phi_1) & a_2(\phi_2) & \cdots & a_2(\phi_M) \\ \vdots & \vdots & \ddots & \vdots \\ a_N(\phi_1) & a_N(\phi_2) & \cdots & a_N(\phi_M) \end{bmatrix} \tag{3.7}$$

对式(3.6)共轭转置,得

$$A^H W^H = B^H \qquad (3.8)$$

式(3.6)中,$A$ 列满秩,即 $\mathrm{rank}(A) = M$。采用右伪逆矩阵求解式(3.8),得阵元加权矢量为

$$W^H = A^H (AA^H)^{-1} B^H \qquad (3.9)$$

自适应 DBF 是指加权系数根据由阵元获取的空间信号源与干扰源数据,根据某种准则实时调整权系数,加权系数随采样数据的变化而变化,主要优点是:

(1) 能够自适应地实现单波束、多波束或多波束组及其变化;

(2) 具有多个自由度,形成多个零点,实现自适应置零;

(3) 天线自校准和超低副瓣;

(4) 实现空间目标超分辨等。

自适应 DBF 通过不同准则来确定自适应权,主要有最小均方误差(MSE)准则、最大信噪比(SNR)准则和线性约束最小方差(LCMV)准则等。在理想情况下,这三个准则实质是等价的。常见的自适应 DBF 算法有:协方差矩阵求逆算法、对角加载法、线性约束法、基于特征结构法、干扰对消法、正交投影法、盲波束形成法等。以下研究其中的对角加载算法。

在 Capon 自适应波束形成算法中,当协方差估计误差较大时,得到的自适应波束旁瓣很高。Capon 算法中估计的协方差矩阵为

$$R = \frac{1}{K} \sum_{i=1}^{K} X_i X_i^H \qquad (3.10)$$

式中:$K$ 为采样快拍数;$X_i$ 为回波数据。

当使用式(3.10)估计协方差矩阵时,由于采样数据较少或阵列误差等因素影响,协方差矩阵估计出现较大误差,从而使特征值分散,小特征值以及对应特征向量参与自适应权值的计算,导致自适应波束方向图发生畸变,性能下降。为解决该问题,使用对角加载技术对协方差矩阵进行修正,即

$$R' = R + \lambda_0 I \qquad (3.11)$$

式中:$R'$ 为修正后的协方差矩阵;$I$ 为单位矩阵;$\lambda_0$ 为对角加载值。选择合适的对角加载值后,对应于强干扰的大特征值不会受到很大影响,而与噪声相对应的特征值被加大并压缩在加载值附近,从而得到较好的旁瓣抑制效果。

对角加载的目的是对协方差矩阵估计进行修正,最简单的加载方式是采用固定加载值。但是加载值过大,会严重影响对干扰的抑制效果。相反,加载值过小,会降低对波束旁瓣的抑制程度。对角加载算法使自适应方向图零陷变浅,输出信号与干扰噪声比(SINR)下降。

# ▌3.2　常规合成孔径雷达原理及其局限

### 3.2.1　SAR 基本原理

SAR 与普通雷达不同的地方在于它通过距离向脉冲压缩和方位向聚焦可以获得高分辨率的二维图像,因此距离向脉冲压缩和方位向聚焦是合成孔径雷达的基础。脉冲压缩的原理是发射一个大时宽带宽积的信号,通过匹配滤波处理,形成 sinc 函数形状的窄时宽匹配滤波输出,如图 3.4 所示。

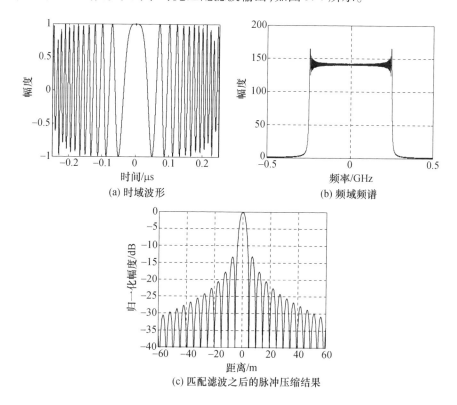

(a) 时域波形　　　　　　(b) 频域频谱

(c) 匹配滤波之后的脉冲压缩结果

图 3.4　线性调频信号的脉冲压缩

SAR 工作示意图如图 3.5 所示。图中 $P$ 为点目标,SAR 沿航迹以速度 $v_a$ 匀速运动,目标 $P$ 到雷达的距离表示为 $R(t)$。假设 SAR 在时间 $t=0$ 时 $x=v_a t$ 为雷达在方位向的坐标位置,这样 SAR 与目标的斜距随时间变化为

$$R(t) = \sqrt{R_0^2 + (v_a t)^2} \approx R_0 + \frac{(v_a t)^2}{2R_0} \tag{3.12}$$

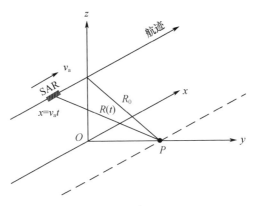

图 3.5　SAR 工作原理示意图

发射信号为线性调频脉冲,目标的回波信号可以表示为

$$s_r(\tau,t) = \text{rect}\left[\frac{\tau - 2R(t)/c}{T}\right]\exp\left\{j2\pi f_0\left[\tau - \frac{2R(t)}{c}\right] + j\pi k\left[\tau - \frac{2R(t)}{c}\right]^2\right\}$$

(3.13)

式中:$\tau$ 为信号传播的时间,称为快时间;$t$ 为雷达在航迹方向的飞行时间,称为慢时间。将上述信号进行解调以及距离向脉冲压缩后得到

$$s_r'(\tau,t) = \text{rect}\left[\frac{\tau - 2R(t)/c}{T}\right]\text{sinc}\left[kT\left(\tau - \frac{2R(t)}{c}\right)\right]\exp\left\{-j2\pi f_0\frac{2R(t)}{c}\right\}$$

(3.14)

这样相位项为

$$\varphi(t) = -2\pi f_0\frac{2R(t)}{c} \approx -\frac{4\pi R_0}{\lambda} - \frac{2\pi(v_a t)^2}{\lambda R_0}$$

(3.15)

这也是一个线性调频信号,可以得到方位向调频斜率为

$$k_a = -\frac{2v_a^2}{\lambda R_0}$$

(3.16)

对这个线性调频信号进行匹配滤波,输出信号同样近似为 $\text{sinc}$ 函数的形式

$$s_r''(\tau,t) \approx \text{sinc}\left[kT\left(\tau - \frac{2R(t)}{c}\right)\right]\text{sinc}\left[\frac{2v_a L_s}{\lambda R_0}t\right]$$

(3.17)

式中:$L_s$ 为合成孔径长度,这样就实现了对方位向信号的聚焦,可得到合成孔径雷达的点目标图像,如图 3.6 所示。

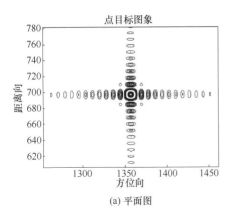
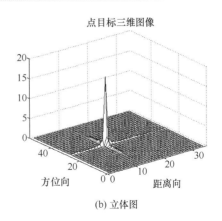

(a) 平面图　　　　　　　　　　(b) 立体图

图 3.6　合成孔径雷达的点目标像

## 3.2.2　SAR 设计指标

### 3.2.2.1　距离向分辨率

SAR 距离向分辨率主要由发射线性调频信号的带宽决定,即

$$\rho_r = \frac{c}{2B} \tag{3.18}$$

地距分辨率与斜距分辨率之比为

$$\rho_g = \frac{\rho_r}{\sin\eta} \tag{3.19}$$

地距分辨率与信号带宽 $B$ 有关,它们之间存在关系式:

$$\rho_{rg} = \frac{1.2 \times c}{2B\sin\theta} \tag{3.20}$$

式中:1.2 为加权展宽因子。可得到满足 1m 地距分辨率时,信号带宽要求如表 3.1 所示。

表 3.1　信号带宽要求

| 视角/(°) | 30 | 35 | 40 | 45 | 50 | 55 | 60 | 65 |
|---|---|---|---|---|---|---|---|---|
| 信号带宽/MHz | 360.0 | 313.8 | 280.0 | 254.6 | 235.0 | 219.7 | 207.8 | 198.6 |

### 3.2.2.2　方位分辨率

对于条带工作模式,合成孔径雷达的方位向分辨率与目标距离、工作波长无关,为天线方位向长度的一半,即

$$\rho_a = \frac{D_a}{2} \tag{3.21}$$

### 3.2.2.3 测绘带宽

合成孔径雷达的测绘带指的是天线距离向波束覆盖的地面距离向范围,它与雷达距离向波束宽度、地面入射角、平台高度有关,还与系统工作脉冲重复频率有关。不考虑数据处理等其他因素,测绘带宽取决于载机飞行高度、天线视角与天线距离向波束宽度。测绘带宽度影响到飞行作业的效率,更大的测绘带宽意味着一次飞行可以获取更多的有效数据。若以天线波束的 3dB 宽度覆盖区定义测绘带宽,地面测绘带宽度可表示为

$$W_{\mathrm{g}} = \frac{\beta R_0}{\cos\eta} \tag{3.22}$$

式中:$\beta$ 为距离向(俯仰向)波束角度;$R_0$ 为波束中心指向点与雷达之间的距离;$\eta$ 为波束中心入射角。

### 3.2.2.4 模糊度

模糊度(Ambiguity to Signal Ratio, ASR)是表征合成孔径雷达模糊性的基本参数,也是评价雷达图像质量的一个重要指标,定义为一个 SAR 图像分辨单元中模糊信号强度与主信号强度之比。一般将距离模糊度 RASR($\tau$)和方位模糊度 AASR 分开来考虑。

1) 距离模糊度

距离模糊是由于天线旁瓣的存在,模糊区域的回波通过天线旁瓣进入雷达接收机造成的,示意图如图 3.7 所示。距离模糊分为分布距离模糊和平均距离模糊。所谓分布距离模糊是指测绘带上不同斜距目标对应不同模糊度,需要分别计算测绘带上不同斜距目标的模糊度,使其均满足距离模糊指标,定义为

$$\mathrm{RASR}(\tau) = \frac{\sum\limits_{n\neq 0} G_{\mathrm{r}}^2(\tau + n/f_{\mathrm{p}})\ \dfrac{\sigma^0(\theta_{\mathrm{i}}(\tau + n/f_{\mathrm{p}}))}{R^3(\tau + n/f_{\mathrm{p}})\sin(\theta_{\mathrm{i}}(\tau + n/f_{\mathrm{p}}))}}{G_{\mathrm{r}}^2(\tau)\ \dfrac{\sigma^0(\theta_{\mathrm{i}}(\tau))}{R^3(\tau)\sin(\theta_{\mathrm{i}}(\tau))}} \tag{3.23}$$

所谓平均距离模糊是指在某 PRF 下,整个测绘带的所有模糊信号功率与有用信号功率的比值,即

$$\mathrm{RASR} = \frac{\displaystyle\int \sum\limits_{n\neq 0} G_{\mathrm{r}}^2(\tau + n/f_{\mathrm{p}})\ \dfrac{\sigma^0(\theta_{\mathrm{i}}(\tau + n/f_{\mathrm{p}}))}{R^3(\tau + n/f_{\mathrm{p}})\sin(\theta_{\mathrm{i}}(\tau + n/f_{\mathrm{p}}))}\mathrm{d}\tau}{\displaystyle\int G_{\mathrm{r}}^2(\tau)\ \dfrac{\sigma^0(\theta_{\mathrm{i}}(\tau))}{R^3(\tau)\sin(\theta_{\mathrm{i}}(\tau))}\mathrm{d}\tau} \tag{3.24}$$

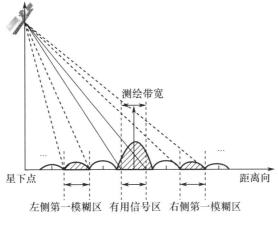

图 3.7 距离模糊示意图

2）方位模糊度

回波信号以 PRF 采样,由于方位向天线旁瓣的存在,采样回波信号多普勒频谱以 PRF 为周期进行延拓,与有用信号相混叠,产生频谱模糊,导致方位模糊,其示意图如图 3.8 所示。

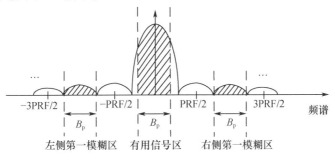

图 3.8 方位模糊示意图

方位模糊计算公式为

$$\mathrm{AASR}(\tau) = \frac{\sum\limits_{m \neq 0} \int_{-B_p/2}^{B_p/2} G_a^2(f_d + f_{DC} + mf_p)\,\mathrm{d}f_d}{\int_{-B_p/2}^{B_p/2} G_a^2(f_d + f_{DC})\,\mathrm{d}f_d} \tag{3.25}$$

通常星载 SAR 系统方位模糊和距离模糊均要求小于 $-20\mathrm{dB}$,以满足大多数情况的应用需求。

### 3.2.2.5 信噪比和 NESZ

合成孔径雷达的信噪比公式为

$$\frac{S}{N} = \frac{P_{av}G^2\lambda^3\rho_{rg}}{2 \times (4\pi)^3 R^3 k_0 T_0 F_n v_s L} \tag{3.26}$$

SAR 系统常用噪声等效后向散射系数($NE\sigma_0$,NESZ)来表示系统灵敏度,并作为一个主要技术指标,其定义为 SNR = 0dB 时的平均后向散射系数,即

$$NESZ = \frac{2 \times (4\pi)^3 R^3 k_0 T_0 F_n v_s L}{P_{av}G^2\lambda^3\rho_{rg}} \tag{3.27}$$

式中:$R$ 为目标与雷达之间的斜距;$k_0$ 为玻尔兹曼常数;$T$ 为系统温度;$F_n$ 为系统噪声系数;$v_s$ 为载机飞行速度;$L$ 为雷达系统损耗,$P_{av}$ 为平均发射功率;$G$ 为天线单程增益;$\lambda$ 为雷达工作波长;$\rho_{rg}$ 为地距分辨率。这样定义 NESZ 的好处是,实际目标的后向散射系数比 NESZ 高出几 dB,则雷达输出信噪比就是几 dB。常规的 SAR 系统选择 NESZ 为 -25dB 左右即可满足要求,选择更低的 NESZ 值意味着可以得到更高的图像信噪比,有利于减小相位噪声,提高探测精度。

### 3.2.3  高分辨率和宽测绘带的矛盾

图 3.9 为正侧视 SAR 的几何关系图,地面采用平面模型,天线照射的地面距离向测绘带宽度为 $W_g$,对应的斜距测绘带宽为 $W_r$,波束照射地面的入射角 $\theta_i$。

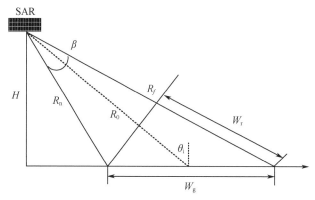

图 3.9  SAR 测绘带的几何关系图

第一,从信号采集的角度来解释品质因子存在上限这一现象。一方面,SAR 测绘带内的信号必须在一个脉冲重复周期内采集,即

$$2W_g\sin\theta_i/c < \frac{1}{PRF} \tag{3.28}$$

另一方面,方位向采样要小于方位分辨率,即 PRF 要大于方位向多普勒带宽。

$$\rho_a = \frac{l_a}{2} = \frac{V_a}{B_a} \geqslant \frac{V_a}{PRF} \qquad (3.29)$$

联合以上两式,可推导得测绘带宽和方位分辨率之比存在上限,即

$$Q = \frac{W_g}{\rho_a} < \frac{c}{2 \cdot V_a \cdot \sin\theta_i} \qquad (3.30)$$

在高分宽测 SAR 系统,测绘带越大,分辨率越高,说明系统性能越好,因此在一些文献中,测绘带宽和方位分辨率之比 $Q$ 被称作"品质因子"。式(3.30)表明,品质因子与平台速度有关。机载 SAR 由于平台速度低,品质因子非常大,除非超高分辨率或超宽测绘带情况,基本无需考虑测绘带和分辨率矛盾。然而,对于单发单收模式的星载 SAR 而言,增大测绘带宽和提高方位向分辨率之间存在矛盾却显得很迫切。图 3.10 给出了星载条件下的品质因子变化曲线。图 3.10(a)给出了在入射角固定情况下测绘带宽和方位分辨率之比($Q$)与平台速度之间的变化关系;图 3.10(b)给出了在平台速度固定情况下,$Q$ 与入射角之间的关系。可以看出,一般星载 SAR 而言,$Q$ 值大约为 20000,换言之,如果星载 SAR 要达到 1m 分辨率,那么在常规模式下,其要同时达到 20km 以上的测绘带宽是不可能实现的。

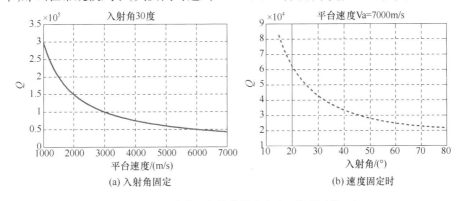

图 3.10　测绘带和方位分辨率之比(品质因数 $Q$)

第二,品质因子受限可以从 PRF 选择的角度加以解释。一方面增加测绘带宽要求降低 PRF;另一方面,提高方位分辨率,由于回波多普勒带宽的增加,需要提高作为回波方位采样频率的 PRF,因此需要合适的 PRF 在测绘带宽和方位分辨率之间进行折中。

第三,品质因子受限也可以从天线的最小面积的角度来解释。设天线的方位向长度为 $l_a$,俯仰向高度为 $l_h$,则

$$\begin{cases} 2W_g\sin\theta_i/c < \dfrac{1}{PRF} \\ \rho_a = \dfrac{l_a}{2} = \dfrac{V_a}{B_a} \geqslant \dfrac{V_a}{PRF} \end{cases} \Rightarrow l_a \geqslant \frac{4W_gV_a\sin\theta_i}{c} \qquad (3.31)$$

$$\frac{\lambda}{l_h}R_0 = W_g\cos\theta_i \Rightarrow l_h = \frac{\lambda R_0}{W_g\cos\theta_i} \qquad (3.32)$$

$$S_{min} = l_a l_h \geq \frac{4W_g V_a \sin\theta_i}{c} \cdot \frac{\lambda R_0}{W_g\cos\theta_i} = \frac{4\lambda R_0 V_a \tan\theta_i}{c} \qquad (3.33)$$

这就是星载合成孔径雷达系统设计中的最小天线面积限制。由式(3.33)可以看出:一旦确定了雷达平台到目标的距离 $R_0$、入射角、工作波长和雷达平台运动速度,合成孔径雷达天线面积的下限也就随之确定,此时系统性能需要在观测带宽和方位分辨率之间折中。值得指出的是,由于 $l_a \leq 2\rho_a$,$l_h = \frac{\lambda R_0}{W_g\cos\theta_i}$,故单发单收的星载 SAR 天线面积还存在上限,即

$$S_{max} = l_a l_h \leq 2\rho_a \frac{\lambda R_0}{W_g\cos\theta_i} = \frac{2\rho_a \lambda R_0}{W_g\cos\theta_i} \qquad (3.34)$$

举例:TerraSAR-X,频率为 9.65GHz,分辨率为 3m,测绘带为 30km,轨道高度为 514.8km。图 3.11 给出了根据上述约束关系得出的最大天线面积、最小天线面积与实际选定的天线面积的对比关系图。

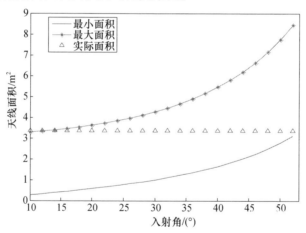

图 3.11 TerraSAR-X 天线面积约束图(见彩图)

## ■ 3.3 距离向 DBF-SAR 处理技术

距离向接收 DBF-SAR 的工作原理与传统 SAR 条带模式不同,它采用一个宽波束发射多个阵元同时接收,形成多个窄的接收波束。发射天线为小天线,形成宽的发射波束,接收天线距离向由若干个与发射天线相同或略小的子天线组成。发射天线照射宽的测绘带区域,接收天线通过数字波束形成得到窄的高增

益笔状波束,并且不断改变天线阵列加权系数,形成快速波束指向,使接收波束从近端到远端不断扫描,跟踪并接收从地面测绘带返回的回波。距离向单输入多输出模式的 DBF-SAR 系统几何模型如图 3.12 所示。

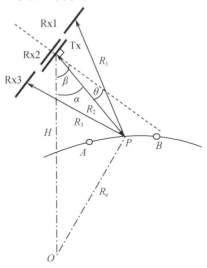

图 3.12　距离向单输入多输出星载 SAR 系统几何模型

距离向单输入多输出是指,距离向有 $N$ 个天线子孔径,对应 $N$ 个接收通道。发射信号时,使用一个孔径发射,即部分孔径发射,也可以使用多个孔径发射通过波束展宽技术得到宽波束照射的宽测绘带,从而降低每个发射孔径的发射功率。

### 3.3.1　距离向单输入多输出信号建模与 DBF 处理

如图 3.12 所示,假设星载 SAR 使用中间子孔径发射信号,各子孔径同时接收回波。地心为 $O$,$AB$ 对应了地面上的测绘带,测绘带内有一点 $P$,$P$ 到三个子孔径的距离分别为 $R_1$、$R_2$、$R_3$。中间孔径为发射孔径,即 $R_T = R_2$,地球半径 $R_e$,轨道高度 $H$,接收天线子孔径长度为 $d_r$,相邻子孔径间距也为 $d_r$,天线法线方向与天线到地心方向的夹角为 $\beta$。

$R_2$ 与发射天线到地心的夹角为 $\alpha$,则由余弦定理可得

$$\alpha = \arccos\left(\frac{R_2^2 + H^2 + 2HR_e}{2R_2(H + R_e)}\right) \tag{3.35}$$

$R_2$ 与天线法向方向的夹角为 $\theta$,$\theta = \beta - \alpha$,从而可得

$$R_1 = \left(R_2^2 + d_r^2 + 2R_2 d_r \sin\theta\right)^{1/2} \tag{3.36}$$

$$R_3 = \left(R_2^2 + d_r^2 - 2R_2 d_r \sin\theta\right)^{1/2} \tag{3.37}$$

推广到一般形式,当有 $N$ 个天线,使用第 $\dfrac{N+1}{2}$ 个孔径发射信号,发射孔径与点目标斜距为 $R_{(N+1)/2}$,则

$$R_n = \left( R_{(N+1)/2}^2 + \left( \left( n - \frac{N+1}{2} \right) d_r \right)^2 - 2R_{(N+1)/2} \left( n - \frac{N+1}{2} \right) d_r \sin\theta \right)^{1/2}$$

$$\approx R_{(N+1)/2} - \left( n - \frac{N+1}{2} \right) d_r \sin\theta \tag{3.38}$$

假设发射线性调频信号,带宽为 $B_r$,线性调频斜率为 $K_r$,脉冲宽度为 $T_p$,$T$ 为脉冲重复周期,慢时间为 $t_m = mT$,发射信号为

$$p(\tau) = \mathrm{rect}\left( \frac{\tau}{T_p} \right) \exp\left( -\mathrm{j}\pi K_r \tau^2 \right) \tag{3.39}$$

第 $n$ 个接收孔径接收回波去载频后为

$$r_n(\tau, t_m) = \sigma \exp\left( -\mathrm{j}\pi K_r \left( \tau - \frac{R_{\mathrm{tr},n}(t_m)}{c} \right)^2 \right) \exp\left( \mathrm{j}\frac{2\pi R_{\mathrm{tr},n}(t_m)}{\lambda} \right) \tag{3.40}$$

其中,$R_{\mathrm{tr},n} = R_n + R_{(N+1)/2} \approx 2R_{(N+1)/2} - \left( n - \dfrac{N+1}{2} \right) d_r \sin\theta$。

距离向匹配滤波之后的信号为

$$s_n(\tau, t_m) = \sigma \exp\left( -\mathrm{j}\frac{4\pi R_{(N+1)/2}}{\lambda} \right) \exp\left( \mathrm{j}\frac{2\pi \left( n - \dfrac{N+1}{2} \right) d_r \sin\theta}{\lambda} \right)$$

$$\mathrm{sinc}\left( B_r \left( \tau - \frac{2R_{(N+1)/2}}{c} + \frac{(n - (N+1)/2) d_r \sin\theta}{c} \right) \right) \tag{3.41}$$

从式(3.41)可以看出,如果要保证不同距离向子孔径的接收回波处于同一距离分辨单元,则要求式(3.41)中 sinc 函数中的第三项满足

$$\left| \frac{(n - (N+1)/2) d_r \sin\theta}{c} \right| < \frac{1}{2B_r} \tag{3.42}$$

因为主瓣内 $|\sin\theta| < \dfrac{\lambda}{2d_r}$,所以 $\dfrac{\lambda}{2} \cdot \dfrac{1-N}{2} < (n - (N+1)/2) d_r \sin\theta < \dfrac{\lambda}{2} \cdot \dfrac{N+1}{2}$,可推导得知,距离向阵列孔径数目不能太大,否则易发生距离单元走动。

$$N < \frac{2c}{B_r \lambda} - 1 \tag{3.43}$$

这个约束对于大多数星载 SAR 都是满足的,例如对于 500M 的带宽,X 波段,$N$ 可以取到 39.6。因此可以对距离向匹配滤波之后的信号进行近似,认为

其距离向子孔径回波处于同一个距离分辨单元内,即

$$s_n(\tau,t_m)=\sigma\exp\left(-\mathrm{j}\frac{4\pi R_{(N+1)/2}}{\lambda}\right)\exp\left(\mathrm{j}\frac{2\pi\left(n-\dfrac{N+1}{2}\right)d_r\sin\theta}{\lambda}\right)$$

$$\mathrm{sinc}\left(B_r\left(\tau-\frac{2R_{(N+1)/2}}{c}\right)\right)\tag{3.44}$$

根据阵列信号处理理论,对 $s_n(\tau,t_m)$ 组成的向量进行加权求和,即可得到波束形成后的信号。显然,取如下均匀加权系数,即可使得各个子孔径的信号获得同相叠加。

$$\omega_n=\exp\left(\mathrm{j}\frac{2\pi\left(n-\dfrac{N+1}{2}\right)d_r\sin\theta}{\lambda}\right),\quad n=1,2,\cdots,N\tag{3.45}$$

$$V_n(\tau,t_m)=W^H S=N\sigma\exp\left(-\mathrm{j}\frac{4\pi R_{(N+1)/2}}{\lambda}\right)\mathrm{sinc}\left(B_r\left(\tau-\frac{2R_{(N+1)/2}}{c}\right)\right)\tag{3.46}$$

此处的处理方法即距离向 DBF 处理,这样做的好处是,在接收时使用了较窄的窄波束,模糊区域接收天线增益降低,从而可以减小距离模糊。实际工作中,可以根据需要采取零点指向 DBF、零陷展宽 DBF 技术、自适应 DBF 的或其他 DBF 算法。

### 3.3.2　距离向 DBF 处理的仿真

为验证距离向 DBF 处理技术的有效性,这里给出了一组仿真结果。图 3.13 给出了某星载数字阵列 SAR 方案的方向图设计结果,即采取宽波束发射窄波束接收;图 3.14 给出了能抑制模糊或对抗干扰星载数字阵列 SAR 的天线方

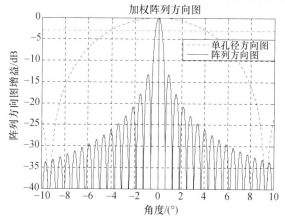

图 3.13　某星载数字阵列 SAR 方案的方向图仿真(见彩图)

向图仿真结果,从图中可以看出,DBF 技术可以实现对有用目标高增益接收的同时,还能在模糊和干扰方向形成零点;图 3.15 给出了常规 SAR 和采取不同 DBF 处理得到的目标图像对比。其中,蓝色的线代表常规单发单收星载 SAR 的点目标距离像,在该距离像的左右两边各出现一个模糊目标;黑色的线代表常规波束形成处理得到的结果,可见左右两边的模糊目标有所减弱,但依然存在;红色的线代表零点指向 DBF 处理结果,试验结果表明经过零点指向 DBF 处理,点目标的距离模糊都已经被消除。仿真实验证明了距离向 DBF 处理的有效性。

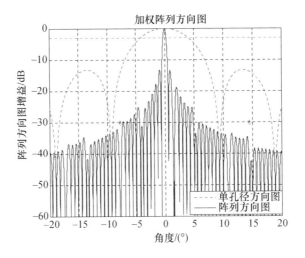

3.14 能抑制模糊或对抗干扰星载数字阵列 SAR 的 DBF 仿真图(见彩图)

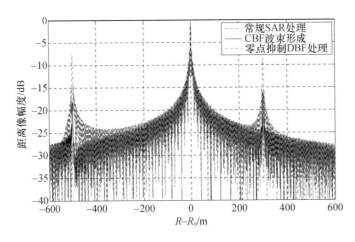

图 3.15 距离向单输入多输出几种不同处理得到的 SAR 距离向成像结果图(见彩图)

(蓝色为常规星载 SAR;黑色为常规波束形成处理;红色为自适应零点指向处理)

表 3.2　距离向 DBF 仿真参数表

| 参数 | 仿真值 |
|---|---|
| 轨道高度 | 700km |
| PRF | 1000Hz |
| 中心视角 | 45° |
| 中心频率 | 9.65GHz |
| 阵元间距 | 0.77 波长 |
| 距离向孔径数目 | 15 |

### 3.3.3　距离向 DBF 处理对于距离模糊度的改善

距离向使用 DBF 技术后,发射天线和接收天线的增益不再相等,相应的距离模糊计算公式有所变化。整个测绘带内分布距离模糊 $\mathrm{DRASR}_i$ 和平均距离模糊 ARASR 分别为

$$\mathrm{DRASR}_i = S_{\mathrm{a}_i}/S_i, \quad i = 1,2,\cdots,N_r \tag{3.47}$$

$$\mathrm{ARASR} = \sum_{i=1}^{N_r} S_{\mathrm{a}_i} / \sum_{i=1}^{N_r} S_i \tag{3.48}$$

式中:$S_{\mathrm{a}_i}$ 和 $S_i$ 分别为接收数据窗内第 $i$ 个时间采样点上距离模糊信号功率和有用信号功率;$N_r$ 为回波窗总的采样点数;$\sigma_{ij}^0$ 为归一化散射系数;$G_t$ 为发射子孔径增益;$G_r$ 为各子孔径天线接收回波信号经 DBF 处理后形成的接收窄波束增益;$\theta_{ij}$ 是对应的波束入射角;$n_1$ 和 $n_2$ 为每个采样点对应测绘带两侧的模糊带个数。

$$S_{\mathrm{a}_i} = \sum_{j=-n_1,\,j\neq 0}^{n_2} \frac{G_{tij}(\theta_{ij}) G_{rij}(\theta_{ij}) \sigma_{ij}^0(\theta_{ij})}{R_{ij}^3(\theta_{ij}) \sin(\theta_{ij})} \tag{3.49}$$

$$S_i = \frac{G_{tij}(\theta_{ij}) G_{rij}(\theta_{ij}) \sigma_{ij}^0(\theta_{ij})}{R_{ij}^3(\theta_{ij}) \sin(\theta_{ij})}, \quad j = 0 \tag{3.50}$$

与常规单发单收星载 SAR 距离模糊计算公式相比,主要不同点在于接收天线增益。主要表现在如下两个方面:

(1) 接收天线方向图对测绘带回波信号的影响。常规星载 SAR 距离向采用单发单收,发射天线方向图和接收天线方向图基本相同,位于测绘带中心的目标增益最大,而分布于测绘带边缘的目标,增益相对中心有所减小。当距离向使用 DBF 技术后,形成窄的接收波束,在某一时刻,测绘带某一距离处回波到达接收天线,接收窄波束不断改变波束指向跟踪测绘带回波,所以测绘带上目标回波的接收增益近似相等,提高了有用信号能量。

(2) 接收天线方向图对模糊带回波信号的影响。相对于宽波束而言,经过

DBF 形成窄波束后,模糊带对应区域的接收增益降低,降低了模糊回波功率,从而减小了距离模糊。

综合以上两个方面,距离向使用 DBF 技术后,在实现星载 SAR 宽测绘带的同时,有效减小了距离模糊。如果接收地面回波信号时,在模糊信号方向形成零陷,将更进一步抑制距离模糊。距离模糊对于机载 SAR 并不是很严重的问题,但对于星载 SAR 而言,距离模糊却是一个不得不考虑的问题。

根据单发单收的距离向模糊度计算公式(式(3.46))和单输入多输出模式的距离向模糊度计算公式(式(3.47))可知,模糊度的计算过程中,发射和接收增益的计算很重要。在计算分布距离模糊 $\text{DRASR}_i$ 时,每一个不模糊的距离点上,都对应着一连串的模糊距离,计算出二者对应的波束角度,代入到发射和接收方向图中,即可得到对应的这一个距离点的分布模糊度。

求解对应距离的方向图的步骤:①根据某一点的斜距,计算波束视角;②根据波束视角计算出波束入射角;③根据波束入射角计算地心角;④根据上述角度计算对应的方向图增益。部分公式关系如下:

- 波束中心视角:$\alpha_0$;波束视角:$\alpha$
- 斜距:$R$;轨道高度:$H$;地球半径:$R_e$
- $R_s = R_e + H$
- 模糊斜距:$R_{amb} = R + \dfrac{c \cdot k}{2\text{PRF}}, \quad k = 0, \pm 1, 2, 3, \cdots$
- 波束视角:$\alpha = \arccos\left(\dfrac{R_s^2 + R^2 - R_e^2}{2R \cdot R_s}\right)$
- 波束偏轴角:$\gamma = \begin{cases} \alpha - \alpha_0 & \text{右侧式} \\ \alpha + \alpha_0 & \text{左侧式} \end{cases}$
- 波束入射角:$\theta = \arcsin\left(\dfrac{R_s \sin\alpha}{R_e}\right)$
- 地心角:$\phi = \theta - \alpha$
- 斜距:$R = \dfrac{R_e \sin\phi}{\sin\alpha}$
- $G_r = \left[\text{sinc}\left(\dfrac{Dr}{\lambda}\sin(\alpha - \alpha_0)\right)\right]^2 \left(\text{其中}, \text{sinc}(x) = \dfrac{\sin(\pi x)}{\pi x}\right)$

图 3.16 给出了两种情形下分布距离模糊度的计算结果图。图 3.16(a)是常规均匀加权 DBF 结果(中心视角 35°),图 3.16(b)是零点指向 DBF 计算结果(中心视角 45°),二者轨道高度皆为 800km,距离向子孔径数目皆为 10,中心频率 9.65GHz,PRF = 1200Hz。从图中可以看出,经过距离向 DBF 处理能显著降低距离向模糊度,从而可以为高分宽测创造条件。此外,为进一步减小距离模糊,

可使用具有零点指向特性的 DBF 算法。

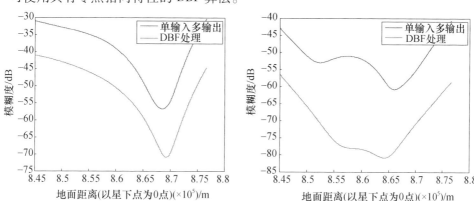

图 3.16  距离向单输入多输出 DBF-SAR 的分布距离模糊度(见彩图)

## ■ 3.4  方位向 DBF-SAR 处理技术

星载 SAR 方位向多孔径是指沿航迹向将天线分割成多个子孔径,每个子孔径可以独立地发射和接收信号。比较典型的工作模式为单天线发射信号,沿航迹向多天线同时接收信号,即单输入多输出工作模式。与距离向 DBF 处理不同的是,方位 DBF 通过降低方位采样频率(PRF)实现宽测绘带高分辨成像。方位向 DBF-SAR 的成像处理主要分为两大类方法:一是将各通道图像分别成像后,在图像域中通过图像相关处理提高方位分辨率;二是直接对原始回波数据进行处理提高方位分辨率。前者在图像域中通过相关处理提高方位分辨率的算法代价较高,运算量较大,因为需要对每个图像点分别处理来抑制模糊。因此本书主要研究在原始回波数据域中对方位向多孔径回波数据进行处理的算法。

目前,对方位向多孔径回波信号处理主要有以下几种算法:

(1)偏置相位中心天线(DPCA)算法。DPCA 算法只需将不同接收通道接收的回波按照一定方式排列,即可解多普勒模糊,但是该算法要求 PRF 满足严格的约束关系,不利于实际应用。

(2)相位修正算法。考虑了 SAR 信号特性,通过对多孔径 SAR 回波信号的相位分析,并与单孔径 SAR 均匀采样信号的相位做比较,产生依赖于多普勒频率的相位差。通过对多孔径数据的相位校正,调整相位使其对应单孔径 SAR 均匀采样信号的相位。但是该算法在系统 PRF 不等于理想 PRF 时,对分辨率影响较大。

(3)重构算法。该算法通过求解一个线性等式,从混叠的方位向多普勒频谱中重构出无模糊的多普勒频谱。常用的有时域重构算法和频域重构算法,但计算量均很大。

（4）零点指向技术算法。该算法通过自适应地调整方位向各通道加权系数，将天线方向图零点指向模糊多普勒频谱对应方向，实现信号的空间滤波，以此来抑制方位信号的模糊频率。

### 3.4.1 方位向单输入多输出信号建模与 DBF 处理

假设 SAR 天线沿航迹向被分割成多个子孔径，中间子孔径发射一个宽波束信号，方位向处于不同相位中心的多个子孔径同时接收回波，并且接收信号波束宽度与发射信号波束宽度基本相同。图 3.17 给出了系统的工作示意图。图 3.18 给出了方位向回波信号组合示意图。在理想条件下，通过设置合理的子孔径间隔以及 PRF，使得不同孔径接收的信号按照顺序排列起来正好形成均匀采样序列 $s(n)$。$s(n)$ 就相当于常规单通道 SAR 的回波，利用该信号即可进行成像处理。这就是上面提到的 DPCA 算法处理方位向多孔径信号。

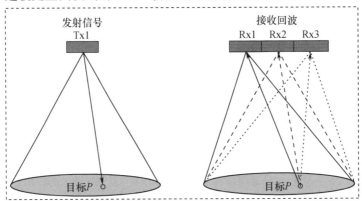

图 3.17　多相位中心多波束工作原理示意图

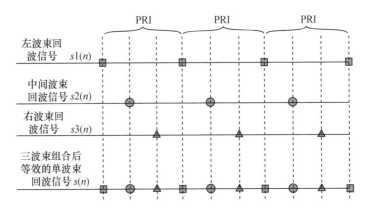

图 3.18　方位向回波信号组合示意图

DPCA 方法对 SAR 的 PRF 选择具有十分苛刻的要求,在实际应用中非常不便。下面研究一种通过在距离多普勒域中,利用空域波束形成技术重建方位不模糊信号的方法。

假定雷达航迹向布置有 $P$ 个子孔径,由 PRF 不足引起的相位模糊数为 $K$。则每个孔径接收的信号分别经过距离压缩,然后变换到距离多普勒域,可表示为

$$Y_p(f_a,\tau) \approx \sum_{k=0}^{K-1} \sigma'_k q(\tau - 2R_0/c)\,\mathrm{rect}\left(\frac{f_a R_0}{\sqrt{f_{am}^2 - f_a^2(k)}}\right)\exp\left(-j\frac{2\pi f_a(k) x_0}{v_a}\right)$$

$$\cdot \exp\left(-\frac{j2\pi R_0}{v_a}\sqrt{f_{am}^2 - f_a^2(k)}\right)\exp\left(j\frac{4\pi_p \cos(\phi_k(f_a(k)))}{v_a}\right)$$

$$(3.51)$$

式中:$f_a$ 为方位多普勒频率;$\tau$ 为快时间,$\sigma'_k$ 为目标散射系数;$R_0$ 为目标斜距;$v_a$ 为雷达横向速度;$x_0$ 为目标方位位置;$\cos(\phi_k(f_a(k))) = f_a(k)/f_{am}$,$f_{am} = 2v_a/\lambda$,$\phi_k(f_a(k))$ 为目标到天线的瞬时斜距与航向的夹角;$X_p$ 对应第 $p$ 个子孔径在方位向上的位置。式(3.51)中,三个指数项分别对应由目标横向位置引起的线性相位项、方位聚焦项,以及由子孔径位置引起的相位项。

在距离多普勒域中,多普勒频率与目标方位角存在一一对应关系。由式(3.51)可知,信号在每个多普勒频率等于多个模糊信号的叠加,如图 3.19 所示,其中左边为多普勒模糊示意图。在某一个多普勒频率点,多普勒频率模糊了三次,相互混叠在一起,但是又分别对应着不同目标方位角。而方位向数字波束形成,正是利用频域混叠但是空域上分开的特性,实现解多普勒模糊。为了正确得到每个多普勒频率点上对应的信号,利用 $P$ 个接收信号,通过 DBF,将波束方向指向有用信号方向,而在模糊方向或干扰方向形成零点,抑制模糊。解多普勒模糊时,需要对每个多普勒单元信号,利用多相位中心的方位位置信息做 $K$ 次空域滤波,每次滤掉 $K-1$ 个模糊频率,得到一个不模糊频率。最后将滤出后的 $K$ 段不模糊频率拼接成完整的多普勒不模糊频率信号,如图 3.19 中右边所示,从而有效地完成多普勒解模糊。

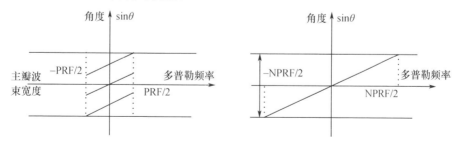

图 3.19　多普勒模糊与解模糊示意图

(其中,多普勒模糊(左),解多普勒模糊后(右))

式(3.51)中，$P$ 个相位中心接收信号中具有公共部分项，为地面场景在距离-多普勒域中的谱。但是由于相位中心空间位置不同，导致不同的附加相位项，而空域解多普勒模糊正是利用该相位项的不同实现的。该相位项表示成矢量为

$$z(\phi_k) = \left[ \exp\left( j\frac{4\pi X_1 \cos(\phi_k)}{\lambda} \right), \cdots, \exp\left( j\frac{4\pi X_P \cos(\phi_k)}{\lambda} \right) \right]_{P \times 1}^{\mathrm{T}} \quad (3.52)$$

构造矩阵 $\boldsymbol{Z}$ 为

$$\boldsymbol{Z} = \left[ z(\phi_1), z(\phi_2), \cdots, z(\phi_K) \right]_{P \times K} \quad (3.53)$$

假设权向量矩阵为 $\boldsymbol{W}_{P \times K}$，第 $k$ 列权向量为 $\boldsymbol{w}_k$，使用 $\boldsymbol{w}_k$ 从某一多普勒频率点的一组模糊数值中提取所需要的值，使对应方位角位置上输出为 1，而其他模糊位置输出为 0 时，需要加权矢量满足

$$\begin{cases} \boldsymbol{w}_i^{\mathrm{H}} z(\phi_k) = 1, i = k \\ \boldsymbol{w}_i^{\mathrm{H}} z(\phi_k) = 0, i \neq k \end{cases}, \quad i = 1, 2, \cdots, K, k = 1, 2, \cdots, K \quad (3.54)$$

令 $\boldsymbol{H}_k = \left[ h_1, h_2, \cdots, h_K \right]_{K \times 1}^{\mathrm{T}}$，其中 $h_k = 1$，其他为零，则有

$$\boldsymbol{w}_k^{\mathrm{H}} \boldsymbol{Z} = \boldsymbol{H}_k \quad (3.55)$$

因此，对某一多普勒频率点滤波时，加权矢量为

$$\boldsymbol{w}_k = (\boldsymbol{Z}^{\mathrm{H}})^+ \boldsymbol{H}_k^{\mathrm{H}} \quad (3.56)$$

式中：$()^+$ 为矩阵伪逆。各相位中心接收信号用矢量表示如下：

$$\boldsymbol{Y} = \left[ Y_1(\tau, f_a), Y_2(\tau, f_a), \cdots, Y_P(\tau, f_a) \right]^{\mathrm{T}} \quad (3.57)$$

将加权矢量与接收信号矢量相乘后，可得解模糊后信号为

$$\boldsymbol{w}_k^{\mathrm{H}} \boldsymbol{Y} = \sigma_k' q(\tau - 2R_0/c) \mathrm{rect}\left( \frac{f_a(k) R_0}{\sqrt{f_{am}^2 - f_a^2}} \right)$$

$$\cdot \exp\left( -j\frac{2\pi f_a(k) x_0}{v_a} \right) \exp\left( -\frac{j2\pi R_0}{v_a} \sqrt{f_{am}^2 - f_a^2(k)} \right) \quad (3.58)$$

根据阵列信号处理中有关数字波束形成的理论，$P$ 个相位中心最多只能形成一个约束方向，$P-1$ 个零点。因此为了有效滤除多普勒模糊分量，相位中心数目必须大于多普勒模糊数目，即 $P > K$。多普勒解模糊完成后，多普勒频带展宽为原来的 $K$ 倍，等效脉冲重复频率也增大 $K$ 倍，从而有利于实现高分辨率宽测绘带。由于不存在多普勒模糊，以下的处理就可以采用常规的成像处理方法。

### 3.4.2　方位向 DBF-SAR 仿真实验

#### 3.4.2.1　一维仿真

针对雷达方位信号开展一维仿真,仿真时雷达参数如表 3.3 所列,其中雷达信号波长为 $\lambda = 5.45\text{cm}$,速度 $v_a = 113\text{m/s}$,波束宽度 $\theta = 10°$。据此可得,多普勒信号带宽为

$$B_d = \frac{2v_a\sin\theta}{\lambda} = 719\text{Hz} \tag{3.59}$$

雷达重频为 200Hz,因此可知雷达信号存在 4 次模糊。雷达采用单发七收工作模式,子孔径间隔 0.25m。图 3.20 给出了不同脉冲采样时子孔径的位置,图 3.21 给出了方位等效采样位置图。根据等效采样位置分布,最大采样间隔为 0.125m,采样时间间隔小于 $1/B_d$,满足不模糊采样要求。仿真时候设置了单点目标,目标横向位置为 $x_0 = 10\text{m}$。

表 3.3　仿真参数表

| 波长 | 5.45cm | 速度 | 113m/s |
|---|---|---|---|
| 重频 | 200Hz | 波束宽度 | 10° |
| 子孔径数 | 7 | 子孔径间隔 | 0.25m |
| 方位脉冲数 | 2000 | 目标横向位置 | 10m |

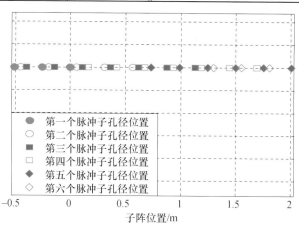

图 3.20　方位采样位置示意图(见彩图)

根据 SAR 成像理论,方位信号近似为线性调频信号,其频谱形状近似为矩形。图 3.22 给出了经过多通道重建前后的信号频谱,可以看到单通道信号的频谱由于存在混叠与理想的线性调频信号频谱存在显著差异,多通道重建后频谱

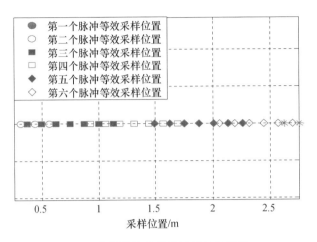

图 3.21　方位等效采样位置图(见彩图)

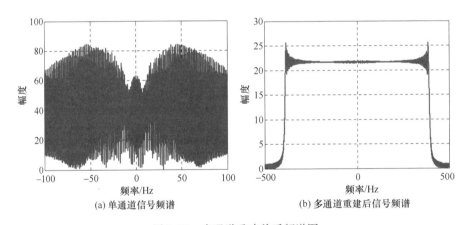

(a) 单通道信号频谱　　　　　　　(b) 多通道重建后信号频谱

图 3.22　多通道重建前后频谱图

与线性调频信号频谱较为一致。图 3.23 给出了多通道重建前后信号的脉压结果,可以看到单通道信号经脉压后出现多个虚假信号,均由信号混叠引起,多通道重建后信号消除了模糊,成像结果与目标真实位置一致。

### 3.4.2.2　二维仿真

下面给出二维仿真结果。仿真参数如表 3.4 所列。成像时,设定单位幅度两点目标,目标位置分别为

$$\begin{cases} x_1 = 0\text{m} \\ y_1 = 5700\text{m} \end{cases}, \quad \begin{cases} x_2 = 50\text{m} \\ y_2 = 5800\text{m} \end{cases} \tag{3.60}$$

给出了二维成像图,二维成像采用 CS 算法。首先根据原始回波数据,重建无模

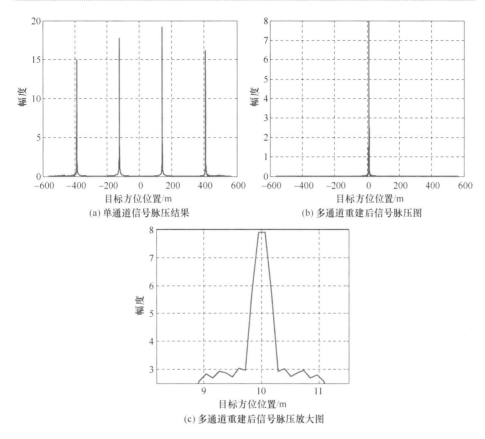

(a) 单通道信号脉压结果　　　　　　(b) 多通道重建后信号脉压图

(c) 多通道重建后信号脉压放大图

图 3.23　重建前后目标成像图

糊的方位信号,然后根据重建后信号进行二维成像。

表 3.4　二维成像仿真参数表

| 波长 | 5.45cm | 速度 | 113.6m/s |
|---|---|---|---|
| 重频 | 200Hz | 波束宽度 | 10° |
| 子孔径数 | 7 | 子孔径间隔 | 0.25m |
| 方位脉冲数 | 2000 | 近端斜距 | 5600m |
| 信号带宽 | 150MHz | 信号时宽 | 20μs |
| 采样率 | 200MHz | | |

　　图 3.24 和图 3.25 分别给出了单个接收通道数据以及方位 DBF 重建后信号的二维成像图。可以看到,重建前两点目标成像后在方位出现多次模糊,产生鬼影目标。而经过 DBF-SAR 重建后的信号成像结果与场景真实信息一致,目标成像后位置与设定值一致,显示本书方法能够很好实现对方位 DBF-SAR

的成像处理。

图 3.24　单通道采样数据二维成像结果

图 3.25　多通道重建后信号二维成像结果

### 3.4.3　实测数据实验

#### 3.4.3.1　通道不平衡校正

实际条件下雷达不同接收通道间的不平衡,特别是相位不平衡,使得直接根据多通道测量数据重建 SAR 方位信号的性能较差,获取的 SAR 图像一般仍存在很大的模糊。为保证成像质量,需要对通道不平衡进行补偿。此外,不同通道采样时序的不一致,也会导致不同通道数据在距离向存在错位现象,需要补偿。

本书提出采用子孔径脉冲相干法估计和补偿通道不平衡以及距离向错位的影响。假定雷达方位波束宽度为 $\theta$,则方位信号功率谱宽度为

$$B = \frac{2v_a\sin\theta}{\lambda} \tag{3.61}$$

在实际中,雷达波束可能存在斜视,假定斜视角为 $\theta_0$,则对应多普勒中心为

$$f_{dc} = \frac{2v_a\sin\theta_0}{\lambda} \tag{3.62}$$

雷达方位信号功率谱可近似建模为

$$P(f) = \text{rect}\left(\frac{f - f_{dc}}{B_d}\right) \tag{3.63}$$

雷达方位信号的自相关函数与其功率谱互为傅里叶变换,因此可知方位信号的自相关函数为

$$R(t) = \mathrm{sinc}(tB_{\mathrm{d}})\exp(\mathrm{j}2\pi f_{\mathrm{dc}}t) \tag{3.64}$$

显然,雷达方位信号的自相关时间为 $t_{\mathrm{R}} = 1/B_{\mathrm{d}}$。若将雷达在相邻方位采样位置上信号做相关,则复相关值的相位可分解为两部分:①由于多普勒中心 $f_0$ 引起的相位变化,即 $f_{\mathrm{dc}}\Delta t$,其中 $\Delta t$ 为采样时间间隔;②由于通道不平衡引起的误差相位。假定雷达在相邻方位采样位置处的接收信号序列分别为 $s_1(n)$ 和 $s_2(n)$,利用傅里叶变化求取其相关函数:

$$y(n) = \mathrm{IFFT}(\mathrm{FFT}(s_1(n))(\mathrm{FFT}(s_2(n)))^{*}) \tag{3.65}$$

输出序列 $y(n)$ 的峰值位置 $n_0$ 代表了相邻采样位置信号在距离向上错位大小,一般错位量可估计为

$$m = \begin{cases} n_0 - 1, & n_0 < N/2 \\ n_0 - 1 - N, & n_0 \geqslant N/2 \end{cases} \tag{3.66}$$

距离向采样的错位,可通过在频域根据错位量乘以线性相位项加以补偿。

记 $y(n)$ 的峰值点相位为 $\Delta\varphi$。根据前述讨论,$\Delta\varphi$ 可分解为由多普勒中心引起的相位和通道不平衡引起的相位两部分。为了估计通道不平衡引起的误差相位,首先需要估计多普勒中心。对于同一接收通道,相邻脉冲间的接收序列,由于不包含通道不平衡相位,仅包含由多普勒中心引起的相位,因此可以用来估计多普勒中心。但是单通道数据在方位向是欠采样的,采样间隔大于 $1/B_{\mathrm{d}}$,即单个通道在相邻脉冲间的采样数据是不相关的,因此不能直接利用单个接收通道相邻脉冲接收数据估计多普勒中心。

假定在同一通道相邻脉冲采样位置间包含多个由其他通道形成的采样位置,根据方位 DBF-SAR 的要求,相邻采样位置间隔满足方位信号采样要求,也即相邻采样位置获取的雷达信号是相关的。若先估计得到相邻采样位置处获取信号的复相关值的相位,如图 3.26 所示,则同一通道相邻脉冲获取信号的复相关值的相位可表示为

$$\varphi = \sum \varphi_n \tag{3.67}$$

继而多普勒中心可估计为

$$f_{\mathrm{dc}} = \frac{\varphi}{2\pi}\mathrm{PRF} \tag{3.68}$$

在已知多普勒中心的条件下,各通道的不平衡相位可估计为

$$\varphi_{i,\mathrm{e}} = \varphi_{i,0} - f_{\mathrm{dc}}\Delta t_i \tag{3.69}$$

式中:$\varphi_{i,0}$ 表示第 $i$ 通道与参考通道获取信号的复相关值的相位;$\Delta t_i$ 表示两次采样对应的时间间隔。将估计的误差相位补偿到接收信号后,即可利用前述方法重建雷达方位信号。

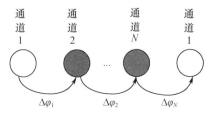

图 3.26　多普勒中心示意图(见彩图)

### 3.4.3.2　信号处理流程

完整的 DBF-SAR 信号处理流程如图 3.27 所示,多通道数据经过分离后,进行距离压缩,距离压缩数据依据前述方法估计通道不平衡参数,依据估计的误差相位对原始数据进行补偿后,进行多通道数据重建,最后根据重建后数据进行二维成像,本书中二维成像采用 CS 算法。

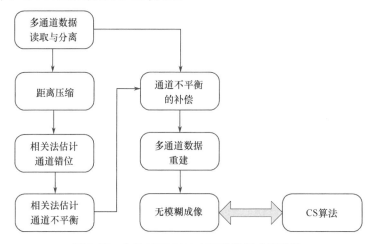

图 3.27　方位 DBF-SAR 多通道数据成像流程

### 3.4.3.3　实验结果与分析

利用中国电子科技集团公司三十八研究所多通道 SAR 数据对本书方法进行了检验,雷达参数如表 3.5 所列。

首先利用距离压缩后数据估计通道不平衡参数以及距离向采样错位量。图 3.28 绘出了不同通道空间采样位置的分布。选择通道 1 作为参考通道,可以看到在通道 1 相邻两个脉冲采样位置间包含 4 个采样位置,根据这些采样点观测数据估计通道不平衡参数。

表 3.5　中国电子科技集团公司三十八研究所多通道 SAR 参数表

| 波长 | 5.45cm | 平台速度 | 113.6m/s |
|---|---|---|---|
| 重频 | 200Hz | 波束宽度 | 约 10° |
| 子孔径数 | 7 | 子孔径间隔 | 0.255m |
| 方位脉冲数 | 408 | 近端斜距 | 5190m |
| 信号带宽 | 150MHz | 信号时宽 | 20μs |
| 采样率 | 200MHz | | |

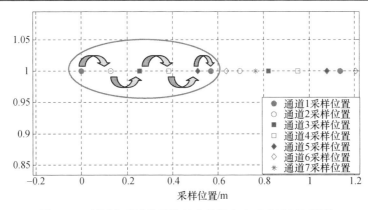

图 3.28　利用多通道数据估计多普勒中心示意图(见彩图)

图 3.29 给出了利用多通道数据估计出的通道不平衡相位结果(以通道 1 为基准)。从图中可以看出,七个通道的不平衡相位随脉冲不同变化并不明显,相比之下,只有通道 7 的不平衡相位随脉冲变化起伏较大。

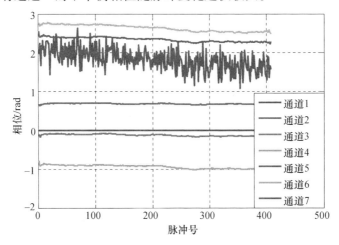

图 3.29　通道不平衡相位估计图(见彩图)

图 3.30 至图 3.32 给出了一组数据的处理结果(数据组号为 13)。其中,图 3.30 给出的是单通道的单独成像结果,从图中可以看出,由于方位采样率 PRF 低于方位向带宽,所以单通道成像结果在方位向出现了多次模糊。图 3.31 给出了未经通道不平衡校正的多通道重建成像结果,可以看出,相较于单通道而言,成像结果有一定的改善,但是还是出现很多重影,出现难以判读的情况。

图 3.30　单通道成像结果图(数据 13,通道 1)

图 3.31　多通道重建成像结果图(数据 13,未经通道不平衡校正)

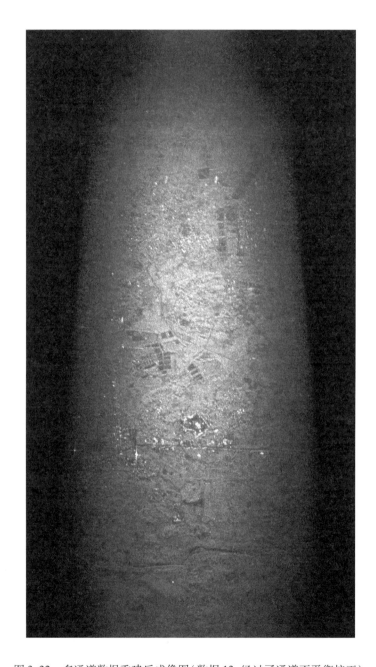

图 3.32 多通道数据重建后成像图(数据 13,经过了通道不平衡校正)

图 3.32 是经过本书提出的通道不平衡校正处理之后,再做多通道空域滤波重建的结果。图 3.33、图 3.34、图 3.35 分别给出了对另一组数据(数据组号为 15)的处理结果,分析结论是一样的,这证明本书所提的多通道不平衡校正以及方位重建处理方法的正确性。根据图 3.32 和图 3.35 给出了两幅场景下 DBF-SAR 成像结果可以看到,尽管单个通道的采样不满足采样定理,但是利用经过方位 DBF 重建后的数据能够对场景进行正确成像,场景内没有形成由频谱混叠引起的虚假目标。

图 3.33　单通道成像结果图(数据 15,通道 1)

图 3.34　多通道重建成像结果图(数据 15,未经通道不平衡校正)

图 3.35　多通道数据重建后成像图(数据 15,经过通道不平衡校正)

# 第 **4** 章
## 极化层析 SAR 三维成像技术

层析 SAR 三维成像的几何关系如图 4.1 所示,图中 LOS 和 PLOS 分别代表雷达视线方向和垂直雷达视线方向。SAR 从 $M$ 个不同视角对目标区域进行观测并获取二维图像,然后对不同视角上的二维复图像进行联合处理,实现三维成像。层析 SAR 数据获取方式可以分为单航过和重复航过两种。在单航过工作方式下,雷达利用天线阵列,采用"单输入多输出"或者"乒乓"工作模式,获得不同视角的回波数据。而在重复航过工作模式下,雷达通过对目标区域进行多次重复观测获得不同视角的回波数据,在重复航过工作模式下,由于存在"时间基线",层析 SAR 还可以对地形形变进行测量。层析 SAR 信号处理可以分为三步。第一,对不同视角 SAR 回波数据进行二维成像处理,得到 $M$ 幅复图像;第二,对 $M$ 幅 SAR 复图像进行配准,使图像能够在同一坐标系中对齐,以满足后续高程方向聚焦成像的要求。第三,在二维成像和图像配准均完成的条件下,对 SAR 图像每个像素单元,分别进行高度方向的聚焦成像,提取目标高度维散射信息。

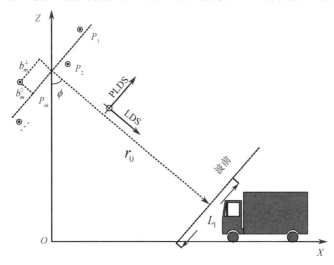

图 4.1 层析 SAR 成像几何

# 🇿 4.1　多基线极化层析 SAR 三维成像建模

二维 SAR 复图像是目标三维散射信息在"距离 – 方位"二维平面内的投影，SAR 复图像数据是位于同一"距离 – 方位"分辨单元内，不同高度散射点散射信号的相干合成。若以 $P_m(1 \leqslant m \leqslant M)$ 表示第 $m$ 个视角对应的雷达观测点位置，选择位于中间位置处的雷达观测点作为参考观测点，并以 $b''_m$ 和 $b^\perp_m$ 分别表示第 $m$ 个观测点与参考观测点在视线方向和垂直视线方向上的间隔，则对第 $m$ 幅 SAR 复图像有

$$g_m(r_0, y) = \int_{-L_1/2}^{L_1/2} \gamma(r_0, y, s) \exp(-j2\pi c_0 R_m(s)/\lambda) \mathrm{d}s \tag{4.1}$$

其中，$\lambda$ 代表雷达载波波长；$r_0, y, s$ 代表散射点的距离、方位以及俯仰位置；$L_1$ 代表目标在垂直视线方向的长度；$\gamma$ 是目标在俯仰方向的散射系数分布函数。$c_0$ 为系数，在单输入多输出模式下，$c_0 = 1$，在乒乓工作模式或重复航过工作模式下 $c_0 = 2$。$R_m(s)$ 代表位于 $(r_0, y, s)$ 处的目标与第 $m$ 个雷达观测点之间的距离。根据图 4.1 中的几何关系，在波恩近似下，$R_m(s)$ 可表示为

$$R_m(s) = \sqrt{(r_0 + b''_m)^2 + (b^\perp_m - s)^2} \cong r_0 + b''_m + \frac{(b^\perp_m - s)^2}{2r_0} \tag{4.2}$$

式 (4.1.1) 中的载波相位项可表示为

$$\varphi_m(s) = -\frac{2\pi}{\lambda} c_0 \left( r_0 + b''_m + \frac{(b^\perp_m - s)^2}{2r_0} \right) = -\frac{2\pi}{\lambda} c_0 \left( (r_0 + b''_m + \frac{b^{\perp 2}_m}{2r_0} + \frac{s^2}{2r_0} - \frac{b^\perp_m s}{r_0} \right) \tag{4.3}$$

式 (4.3) 中括号内前三项均为与目标无关项，可以经过解斜处理得到补偿，第四项称作残留相位项，可以合并到目标散射系数中，第五项为高程方向成像的"聚焦相位项"。

在雷达成像几何关系精确已知的条件下，可以采用后向投影算法实现雷达俯仰方向的聚焦成像。后向投影算法的原理是针对三维空间内的任意散射点，根据雷达与目标间的几何关系，计算出散射点在 $M$ 幅 SAR 复图像中的成像位置，对相应的成像数据补偿式 (4.3) 的相位，然后累加得到三维成像输出。后向投影算法是一种时域聚焦算法，通常计算效率较低，且不具备超分辨能力。

考虑到空间基线对目标观测的张角一般很小，因此可以采用更为简洁高效的 SPECAN(SPECtral ANalysis) 成像方法，其核心是解斜处理和对复正弦信号的谱估计。解斜就是将接收信号与某一固定参考点目标的回波进行共轭相乘，从而去除与目标无关的相位项。若以 $s = 0$ 处目标信号作为参考信号对观测数据

进行解斜处理。则参考信号和处理后的信号分别为

$$g_{\text{ref}} = \exp\left[ -\text{j}\frac{2\pi}{\lambda}c_0\left(r_0 + b''_m + \frac{b_m^{\perp 2}}{2r_0}\right)\right] \tag{4.4}$$

$$\begin{aligned} g_m &= g_m g_{\text{ref}}^* \\ &\approx \int_{-L_1/2}^{L_1/2} \gamma(r_0,y,s)\exp\left(-\text{j}\frac{\pi c_0 s^2}{\lambda r_0}\right)\exp\left(\text{j}\frac{2c_0\pi b_m^{\perp}}{\lambda r_0}s\right)\text{d}s \\ &= \int_{-L_1/2}^{L_1/2} \gamma'(r_0,y,s)\exp(-\text{j}2\pi\omega_m s)\,\text{d}s \end{aligned} \tag{4.5}$$

其中,$\omega_m = -c_0 b_m^{\perp}/\lambda r_0$,$\gamma'(r_0,y,s) = \gamma(r_0,y,s)\exp(-\text{j}\pi c_0 s^2/\lambda r_0)$,为目标散射系数分布函数与残留相位项合并结果。下面为叙述简洁,在不引起歧义的前提下将 $\gamma'(r_0,y,s)$ 不加区分地写作 $\gamma(r_0,y,s)$。式(4.5)表明在解斜处理后,雷达信号 $g_m$ 可以视作 $\gamma'(r_0,y,s)$ 的空间傅里叶变换,而 $\omega_m$ 对应空间频率。

在实际中,离散化的表现形式更符合信号处理算法的实现过程。我们对目标散射系数函数 $\gamma(r_0,y,s)$ 沿俯仰方向进行均匀的采样划分,采样格点为 $s_n(1 \leq n \leq N)$,采样间隔为 $\Delta s$,并将采样信号 $\gamma(s_n)$ 表示为向量形式,则式(4.5)可表示为

$$g_m(r_0,y) \approx \Delta s\sum_{n=1}^{N}\gamma(s_n)\exp(-\text{j}2\pi\omega_m s_n) = \boldsymbol{a}(m)\boldsymbol{\gamma} \tag{4.6}$$

$$\boldsymbol{a}(m) = \left[\,\exp(-\text{j}2\pi\omega_m s_1) \quad \exp(-\text{j}2\pi\omega_m s_2) \quad \cdots \quad \exp(-\text{j}2\pi\omega_m s_N)\,\right] \tag{4.7}$$

$$\boldsymbol{\gamma} = \left[\,\gamma(s_1) \quad \gamma(s_2) \quad \cdots \quad \gamma(s_N)\,\right]^{\text{T}} \tag{4.8}$$

式(4.6)中,积分间隔 $\Delta s$ 作为固定增益项被忽略。将接收信号写成向量形式,得到

$$\boldsymbol{g} = \boldsymbol{A}\boldsymbol{\gamma} \tag{4.9}$$

其中

$$\boldsymbol{g} = \begin{bmatrix} g_1(r_0,y) \\ g_2(r_0,y) \\ \vdots \\ g_M(r_0,y) \end{bmatrix} \quad \boldsymbol{A} = \begin{bmatrix} \boldsymbol{a}(1) \\ \boldsymbol{a}(2) \\ \vdots \\ \boldsymbol{a}(M) \end{bmatrix} \tag{4.10}$$

层析 SAR 信号矢量 $\boldsymbol{g}$ 可看作由 $M$ 个阵元构成的阵列信号。$\boldsymbol{A}$ 是一个 $M \times N$ 阶的部分傅里叶变换矩阵,$\boldsymbol{A}$ 各列对应了不同散射点的导向矢量。层析 SAR

在俯仰方向上的聚焦成像可以看作是一个空间谱估计问题。

对极化层析成像中,式(4.9)可以扩展到矩阵形式。令

$$\begin{cases} \boldsymbol{Y} = \begin{bmatrix} g_{HH} & \sqrt{2}g_{HV} & g_{VV} \end{bmatrix} \\ \boldsymbol{K} = \begin{bmatrix} \gamma_{HH} & \sqrt{2}\gamma_{HV} & \gamma_{VV} \end{bmatrix} \end{cases} \tag{4.11}$$

容易得到:

$$\boldsymbol{Y} = \begin{bmatrix} g_{HH}(1) & \sqrt{2}g_{HV}(1) & g_{VV}(1) \\ g_{HH}(2) & \sqrt{2}g_{HV}(2) & g_{VV}(2) \\ \vdots & \vdots & \vdots \\ g_{HH}(M) & \sqrt{2}g_{HV}(M) & g_{VV}(M) \end{bmatrix} = \boldsymbol{AK} = \boldsymbol{A} \begin{bmatrix} \gamma_{HH}(1) & \sqrt{2}\gamma_{HV}(1) & \gamma_{VV}(1) \\ \gamma_{HH}(2) & \sqrt{2}\gamma_{HV}(2) & \gamma_{VV}(2) \\ \vdots & \vdots & \vdots \\ \gamma_{HH}(N) & \sqrt{2}\gamma_{HV}(N) & \gamma_{VV}(N) \end{bmatrix}$$

$$\tag{4.12}$$

其中,$\boldsymbol{K}$ 矩阵的第 $i$ 行 $\boldsymbol{k}_i$,代表第 $i$ 个散射点的散射矢量。

SPECAN 方法忽略了目标在不同视角 SAR 图像中的包络走动,即认为目标在多幅 SAR 图像中不会发生跨距离单元走动现象。这对目标尺寸提出了要求,在任一图像中,任意散射点与解斜处理时选取的参考点目标($s=0$)到雷达天线的距离差 $\Delta r$ 均小于 $\rho_r/2$。这里,$\rho_r$ 为雷达距离向分辨率。由式(4.12)得到:

$$\Delta r \approx c_0 \frac{2b_m^\perp s}{2r_0} \leqslant \frac{\rho_r}{2} \Rightarrow sb_m^\perp \leqslant \frac{\rho_r r_0}{2c_0} \tag{4.13}$$

考虑到 $b_m^\perp \in (-B_\perp/2 \quad B_\perp/2)$,其中 $B_\perp$ 为总的垂直基线长度,$s \in (-L/2 \, L/2)$,其中 $L$ 为目标俯仰方向的尺寸。因此有

$$L \leqslant \frac{2\rho_r r_0}{c_0 B_\perp} \tag{4.14}$$

## 4.2　基于傅里叶分析的极化 SAR 三维层析成像

本节研究基于傅里叶分析的层析 SAR 高度向聚焦成像算法,推导成像分辨率与成像参数间的关系,分析高度维合成孔径的采样约束条件。针对非均匀基线分布形式,将提出一种完全数据驱动的虚拟阵列变换新方法,将非均匀基线数据变换为均匀基线数据,然后利用傅里叶分析成像。

### 4.2.1　均匀基线条件下傅里叶分析成像方法

经解斜处理后的层析 SAR 信号是目标散射系数分布函数 $\gamma(r_0, y, s)$ 的空间

傅里叶变换。当层析 SAR 具有均匀的垂直基线分布的时候,直接利用逆傅里叶变化就可以获得目标高度像。设基线分布满足 $b_m^\perp = b_1^\perp + (m-1)\Delta b$,其中 $\Delta b$ 为基线间隔。那么利用傅里叶分析获取目标高度维散射信息(即"高度像")在数学上可以表示为

$$\widetilde{K} = A_0 Y = A_0 A K = T K \tag{4.15}$$

其中,$T = A_0 A$,为 $N$ 阶方阵,$A_0$ 为对 $M$ 点信号作 $N$ 点逆傅里叶变换对应的变换矩阵

$$A_0 = \begin{bmatrix} \exp(\mathrm{j}2\pi\omega_1 s_1) & \exp(\mathrm{j}2\pi\omega_2 s_1) & \cdots & \exp(\mathrm{j}2\pi\omega_M s_1) \\ \exp(\mathrm{j}2\pi\omega_1 s_2) & \exp(\mathrm{j}2\pi\omega_2 s_2) & & \exp(\mathrm{j}2\pi\omega_M s_2) \\ \vdots & \vdots & & \vdots \\ \exp(\mathrm{j}2\pi\omega_1 s_N) & \exp(\mathrm{j}2\pi\omega_2 s_N) & \cdots & \exp(\mathrm{j}2\pi\omega_M s_N) \end{bmatrix} \tag{4.16}$$

对比式(4.16)及(4.7)容易得到 $A_0 = A^\mathrm{H}$,因此 $T = A^\mathrm{H} A$。将式(4.7)、式(4.9)、式(4.16)代入 $T$ 中,得到 $T$ 矩阵第 $n$ 行 $k$ 列元素 $T_{n,k}$ 为

$$
\begin{aligned}
T_{n,k} &= \sum_{m=1}^{M} \exp(-\mathrm{j}2\pi\omega_m s_k) \exp(\mathrm{j}2\pi\omega_m s_n) \\
&= \sum_{m=1}^{M} \exp(\mathrm{j}2\pi\omega_m (s_n - s_k)) \\
&= \sum_{m=1}^{M} \exp(\mathrm{j}2\pi(\omega_1 + \Delta\omega(m-1))(s_n - s_k)) \\
&= \exp(\mathrm{j}2\pi\omega_1(s_n - s_k)) \exp(\mathrm{j}\pi(M-1)\Delta\omega(s_n - s_k)) \frac{\sin(\pi M \Delta\omega(s_n - s_k))}{\sin(\pi \Delta\omega(s_n - s_k))}
\end{aligned}
$$

$$\tag{4.17}$$

其中,$\Delta\omega = -c_0\Delta b/\lambda r_0$。式中前两项构成了线性相位项,第三项为离散形式的辛格函数。$T_{n,k}$ 的物理涵义是位于 $s_k$ 位置处的点目标成像后在 $s_n$ 处的输出响应。式(4.17)表明点目标经过成像系统后的响应函数包络为辛格函数。据此可以分析基于傅里叶分析的成像性能。

1)高度分辨率

层析 SAR 在俯仰方向上的傅里叶分辨率由辛格函数的主瓣宽度决定,即

$$\rho_e = \left| \frac{1}{M\Delta\omega} \right| = \frac{\lambda r_0}{c_0 M \Delta b} = \frac{\lambda r_0}{c_0 B_\perp} \tag{4.18}$$

其中 $B_\perp = M\Delta b$ 是层析 SAR 系统垂直基线总长度。考虑到散射点的高度和俯仰位置存在对应关系,$h = s \cdot \sin\phi$,其中 $\phi$ 为雷达视角(见图 4.2),可知,雷达在高

度方向上的分辨率为

$$\rho_{h} = \frac{\lambda r_0}{c_0 B_\perp} \sin\phi \qquad (4.19)$$

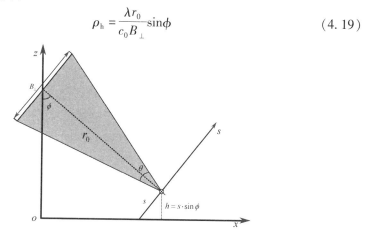

图 4.2　层析 SAR 成像性能分析示意图

式(4.19)表明,层析 SAR 的高度分辨率与雷达波长,成像斜距、垂直基线长度,雷达视角以及工作模式均有关。雷达波长越短,成像斜距越近,垂直基线越长,雷达视角越大,则高度分辨率越高。在其他参数不变的条件下,重复航过工作模式比单输入多输出工作模式的分辨率高 1 倍。

若以 $\theta$ 表示 SAR 在俯仰方向上对目标的观测张角,根据图 4.2 可知,$\theta \approx B_\perp / r_0$,式(4.19)可进一步简化为 $\rho_h = \lambda \sin\phi / (c_0 \theta)$,这与雷达横向分辨率的表达式是一致的。

2)不模糊成像高度

为保证成像输出函数不出现栅瓣,或等价地,保证对目标俯仰位置估计时不出现模糊,根据式(4.17),垂直基线间隔 $\Delta b$ 必须满足

$$|\Delta\omega(s_n - s_k)| < 1 \Rightarrow |c_0 \Delta b / \lambda r_0 (s_n - s_k)| < 1$$

整理得到

$$\Delta b < \frac{\lambda r_0}{c_0 |(s_n - s_k)|} \leqslant \frac{\lambda r_0}{c_0 L} \qquad (4.20)$$

其中,$L$ 为目标在俯仰方向上的尺寸。反过来在基线间隔一定的条件下,层析 SAR 对应的最大不模糊高度为

$$h_{amp} = \frac{\lambda r_0}{c_0 \Delta b} \sin\phi \qquad (4.21)$$

## 4.2.2　非均匀基线条件下的阵列变换与傅里叶分析成像

相对于均匀基线分布,非均匀基线是实际中更为普遍的一种基线分布形式。

对于"多航过"工作系统,机载平台容易受大气影响出现扰动,星载平台卫星轨道难以严格控制,这些都会造成雷达在俯仰方向采样不均匀,形成非均匀基线。此外,在雷达通道数量一定的条件下,如果基线间隔太小,则雷达分辨率受限,而如果基线间隔太大,则雷达最大不模糊成像高度受限。为了实现雷达高度分辨率和不模糊成像高度的兼顾,即便单航过系统也可能采用非均匀基线分布。

在非均匀基线条件下,式(4.15)给出的不是傅里叶成像,而是一种通过信号矢量相关来成像的方法,成像性能通常很差,旁瓣很高。最直接的处理办法是通过阵列变化将非均匀基线数据变为均匀基线数据。本书提出一种基于内插变换以及正则化模型,将非均匀阵列观测信号直接变换为均匀阵列观测信号的方法,变换后可以利用傅里叶变换进行成像。

假设真实的垂直基线分布矢量为

$$\boldsymbol{b} = \begin{bmatrix} b_1 & b_2 & \cdots & b_M \end{bmatrix} \tag{4.22}$$

相应的极化接收信号为 $\boldsymbol{Y}$。考虑一个虚拟均匀阵列,阵列大小为 $M_0$,基线间隔为 $\Delta b$,基线分布矢量为

$$\boldsymbol{b}^0 = \begin{bmatrix} b_1^0 & b_2^0 & \cdots & b_{M_0}^0 \end{bmatrix} \tag{4.23}$$

均匀阵列对应的信号为 $\boldsymbol{Y}^0$。根据信号重建理论,在满足奈奎斯特采样的条件下,$\boldsymbol{Y}$ 可以由 $\boldsymbol{Y}^0$ 经 sinc 内插重建

$$\boldsymbol{Y}(m) = \sum_{n=1}^{M_0} \mathrm{sinc}\left(\frac{b_m - b_n^0}{\Delta b}\right) \boldsymbol{Y}^0(n) \tag{4.24}$$

其中 $\mathrm{sinc}(x) = \sin(\pi x)/(\pi x)$,$\boldsymbol{Y}(m)$ 和 $\boldsymbol{Y}^0(m)$ 分别表示 $\boldsymbol{Y}$ 和 $\boldsymbol{Y}^0$ 的第 $m$ 行数据。写成矩阵形式,有

$$\boldsymbol{Y} = \boldsymbol{G}\boldsymbol{Y}^0 \tag{4.25}$$

其中,$\boldsymbol{G}_{m,n} = \mathrm{sinc}((b_m - b_n^0)/\Delta b)$,通常要求,$M_0 \leqslant M$,以保证系统的稳定性。为了加强对噪声以及成像旁瓣的抑制我们加入对成像后范数的约束,记虚拟阵列的阵列流型为

$$\boldsymbol{A}^0 = \begin{bmatrix} \boldsymbol{a}_1^0; & \boldsymbol{a}_2^0; & \cdots & \boldsymbol{a}_{M_0}^0 \end{bmatrix} \tag{4.26}$$

$$\boldsymbol{a}_m^0 = \begin{bmatrix} \exp(-\mathrm{j}2\pi\omega_m^0 s_1) & \exp(-\mathrm{j}2\pi\omega_m^0 s_2) & \cdots & \exp(-\mathrm{j}2\pi\omega_m^0 s_N) \end{bmatrix} \tag{4.27}$$

其中 $\omega_m^0 = -c_0 b_m^0/\lambda r_0$。变化后的阵列傅里叶成像可表示为

$$\widetilde{\boldsymbol{K}} = (\boldsymbol{A}^0)^{\mathrm{H}} \boldsymbol{Y}^0 \tag{4.28}$$

通过求解如下的优化模型获得虚拟阵列信号

$$\hat{Y}^0 = \arg \min_{Y^0} (\parallel \mathrm{vec}(GY^0 - Y) \parallel_2^2 + \mu \parallel \mathrm{vec}((A^0)^H Y^0) \parallel_2^2) \qquad (4.29)$$

其中，$\mu$ 为正则化参数，vec 表示对矩阵进行列展开。容易得到式(4.29)的解为

$$\hat{Y}^0 = (G^H G + \mu A^0 (A^0)^H)^{-1} G^H Y \qquad (4.30)$$

在获得 $\hat{Y}^0$ 后，可以利用傅里叶变化对信号进行成像。与传统的虚拟阵列变化方法相比，此方法直接从观测数据出发，无需对目标位置进行假设，适用范围更广。

## ◾ 4.3　基于奇异值分解的极化层析 SAR 三维成像方法

本节从求解逆问题的角度出发，研究对均匀和非均匀基线具有广泛适应能力的极化层析成像方法。将已有的截断奇异值分解(Truncated Singular Value Decomposition，TSVD)方法拓展到极化层析应用中；提出一种基于 Tikhonov 正则化理论的极化层析 SAR 成像新方法；从信号估计的角度证明该方法在特定条件下是对目标散射"高度像"的最大后验概率估计；最后以奇异值分解为手段，建立傅里叶分析、TSVD 以及 Tikhonov 正则化方法的一致框架。

### 4.3.1　截断 SVD 方法

重写式(3.1.12)极化层析 SAR 三维成像的信号如下：

$$Y = \begin{bmatrix} g_{HH}(1) & \sqrt{2}g_{HV}(1) & g_{VV}(1) \\ g_{HH}(2) & \sqrt{2}g_{HV}(2) & g_{VV}(2) \\ \vdots & \vdots & \vdots \\ g_{HH}(M) & \sqrt{2}g_{HV}(M) & g_{VV}(M) \end{bmatrix} = AK = A \begin{bmatrix} \gamma_{HH}(1) & \sqrt{2}\gamma_{HV}(1) & \gamma_{VV}(1) \\ \gamma_{HH}(2) & \sqrt{2}\gamma_{HV}(2) & \gamma_{VV}(2) \\ \vdots & \vdots & \vdots \\ \gamma_{HH}(N) & \sqrt{2}\gamma_{HV}(N) & \gamma_{VV}(N) \end{bmatrix}$$

$$(4.31)$$

为了提高参数估计精度，对目标散射系数函数的采样一般远小于傅里叶分辨单元，使得在大多数情况下，$M \gg N$。此时，上述方程是个"欠定"方程，解不唯一。只有附加额外的约束，才能得到唯一解。如果要求解向量满足最小范数的约束，则式(4.12)的求解可用如下约束最小范数优化模型来描述：

$$\hat{K} = \arg \min_K \parallel \mathrm{vec}(K) \parallel_2^2 \quad \text{使得 } Y = AK \qquad (4.32)$$

应用拉格朗日极值法对上述优化问题进行求解(见附录 2)，得到：

$$\hat{K} = A^{\dagger} Y \qquad (4.33)$$

其中，$A^{\dagger} = A^{H}(AA^{H})^{-1}$，是 $A$ 矩阵的伪逆矩阵。将 $A$ 做奇异值分解

$$A = U\Sigma V^{H} \tag{4.34}$$

其中，$U$ 为 $M$ 阶酉矩阵，$U = \begin{bmatrix} u_1 & u_2 & \cdots & u_M \end{bmatrix}$，$V$ 为 $N$ 阶酉矩阵，$V = \begin{bmatrix} v_1 & v_2 & \cdots & v_N \end{bmatrix}$，$\Sigma$ 为 $M \times N$ 阶对角阵

$$\Sigma = \begin{bmatrix} \sigma_1 & & & 0 & \cdots & 0 \\ & \sigma_2 & & 0 & \cdots & 0 \\ & & \ddots & 0 & \cdots & 0 \\ & & & \sigma_M & 0 & \cdots & 0 \end{bmatrix} \tag{4.35}$$

其中 $\sigma_1 \geqslant \sigma_2 \geqslant \sigma_3 \cdots \geqslant \sigma_M$。将 $A^{\dagger}$ 展开得到：

$$\begin{aligned} A^{\dagger} &= V\Sigma^{H}U^{H}(U\Sigma V^{H}V\Sigma^{H}U^{H})^{-1} \\ &= V\Sigma^{H}U^{H}U(\Sigma\Sigma^{H})^{-1}U^{H} \\ &= V\Sigma^{H}(\Sigma\Sigma^{H})^{-1}U^{H} \\ &= V\Sigma_0 U^{H} \end{aligned} \tag{4.36}$$

其中 $\Sigma_0$ 为 $N \times M$ 阶对角阵列，$\Sigma_0(1:M,1:M) = \mathrm{diag}(\sigma_m^{-1})$。因此

$$\widetilde{K} = A^{\dagger}Y = V\Sigma_0 U^{H}Y = \sum_{m=1}^{M}(\sigma_m^{-1}v_m(u_m^{H}Y)) \tag{4.37}$$

注意到，在式(4.37)中，矩阵的奇异值以倒数的形式出现在表达式中，当数据中包含噪声时候，过小的奇异值对噪声会有很大的放大作用，使得 $\widetilde{K}$ 对噪声极其敏感。前人提出了一种噪声抑制方法，在求取 $A$ 矩阵的伪逆矩阵时舍弃小的特征值，只保留最大的 $p$ 个奇异值，即

$$\widetilde{K} = \sum_{m=1}^{p}(\sigma_m^{-1}v_m(u_m^{H}Y)) \tag{4.38}$$

通常依据奇异值的大小来决定保留的奇异值的个数。如设置门限，当奇异值与最大奇异值比值小于门限时，选择丢弃。这种成像方法称作 TSVD 方法。

进一步分析 $\widetilde{K}$ 与 $K$ 之间的传递模型，在理想情况下，$Y = AK$，根据式(4.37)

$$\begin{aligned} \widetilde{K} &= V\Sigma_0 U^{H}Y = V\Sigma_0 U^{H}AK \\ &= V\Sigma_0 U^{H}U\Sigma^{H}V^{H}K \\ &= V\Sigma_0\Sigma^{H}V^{H}K \end{aligned} \tag{4.39}$$

显然，$\Sigma_0\Sigma^{H}$ 是个 $N$ 阶对角方阵，其前 $M$ 个对角元素为 1，其余元素为 0。化简

式(4.39)得到

$$\widetilde{\boldsymbol{K}} = \boldsymbol{V}_M \boldsymbol{V}_M^H \boldsymbol{K} \tag{4.40}$$

其中，$\boldsymbol{V}_M$ 为 $\boldsymbol{V}$ 的前 $M$ 列组成的矩阵。由于，$\boldsymbol{A}^H = \boldsymbol{V}(\boldsymbol{\Sigma}^H \boldsymbol{U}^H)$，并且 $\boldsymbol{\Sigma}^H \boldsymbol{U}^H$ 后 $N-M$ 行元素均为零，因此，$\boldsymbol{V}_M$ 事实上代表了由 $\boldsymbol{A}^H$ 张成的 $M$ 维观测空间，而 $\widetilde{\boldsymbol{K}}$ 是 $\boldsymbol{K}$ 在一个由 $\boldsymbol{A}^H$ 张成的 $M$ 维观测空间上的投影。当考虑只保留 $p$ 个最大的奇异值时，可以得到

$$\widetilde{\boldsymbol{K}} = \boldsymbol{V}_p \boldsymbol{V}_p^H \boldsymbol{K} \tag{4.41}$$

其中，$\boldsymbol{V}_p$ 代表 $\boldsymbol{V}$ 矩阵的前 $p$ 列构成的矩阵。$\widetilde{\boldsymbol{K}}$ 代表了 $\boldsymbol{K}$ 在观测能量最强一个的 $p$ 维观测子空间上的投影。

## 4.3.2　Tikhonov 正则化方法

实际中，层析 SAR 观测数据总是不可避免地包含噪声。不妨假设接收数据模型为

$$\boldsymbol{Y} = \boldsymbol{AK} + \boldsymbol{E} \tag{4.42}$$

其中，$\boldsymbol{E}$ 为高斯白噪声矩阵，$\boldsymbol{E}_{m,n} \sim N(0, \sigma^2)$。因此接收信号 $\boldsymbol{Y}$ 的概率密度函数为

$$p(\boldsymbol{Y}) = \frac{1}{|\pi|^{3M} \sigma^{6M}} \exp\left\{ -\frac{1}{\sigma^2} (\operatorname{vec}(\boldsymbol{Y} - \boldsymbol{AK}))^H (\operatorname{vec}(\boldsymbol{Y} - \boldsymbol{AK})) \right\} \tag{4.43}$$

如果对 $\boldsymbol{K}$ 矩阵作进一步的建模，将目标散射系数函数的先验信息引入对其的估计中，则可以得到一定条件下 $\boldsymbol{K}$ 的最大后验概率估计(Maximum a Posteriori, MAP)。对 $\boldsymbol{K}$ 按照高斯白信号进行建模，使得 $\boldsymbol{K}$ 矩阵的概率密度满足：

$$p(\boldsymbol{K}) = \frac{1}{|\pi|^{3N} \varepsilon^{6N}} \exp\left\{ -\frac{1}{\varepsilon^2} (\operatorname{vec}(\boldsymbol{K}))^H (\operatorname{vec}(\boldsymbol{K})) \right\} \tag{4.44}$$

其中，$\varepsilon^2$ 为信号的功率。式(4.44)表明，能量越小的信号概率密度越大。此时，$\boldsymbol{Y}$ 和 $\boldsymbol{K}$ 的联合概率密度函数为

$$p(\boldsymbol{Y}, \boldsymbol{K}) = \frac{1}{|\pi|^{3M+3N} \varepsilon^{6N} \sigma^{6M}} \exp\left\{ -\frac{1}{\sigma^2} \| \operatorname{vec}(\boldsymbol{Y} - \boldsymbol{AK}) \|_2^2 - \frac{1}{\varepsilon^2} \| \operatorname{vec}(\boldsymbol{K}) \|_2^2 \right\} \tag{4.45}$$

相应的，$\boldsymbol{K}$ 的 MAP 估计为

$$\widetilde{\boldsymbol{K}} = \underset{\boldsymbol{K}}{\operatorname{argmin}} \| \operatorname{vec}(\boldsymbol{Y} - \boldsymbol{AK}) \|_2^2 + \mu \| \operatorname{vec}(\boldsymbol{K}) \|_2^2 \tag{4.46}$$

其中 $\mu = \sigma^2/\varepsilon^2$。式(4.46)称作 Tikhonov 正则化方程,$\mu$ 称作正则化参数。对式(4.46)关于 $K$,并令导数为零,得到

$$\widetilde{K} = (A^{\mathrm{H}}A + \mu)^{-1}A^{\mathrm{H}}Y \qquad (4.47)$$

具体推导见附录3。将 $A = U\Sigma V^{\mathrm{H}}$ 代入式(4.47),得到

$$\widetilde{K} = V(\Sigma^{\mathrm{H}}\Sigma + \mu)^{-1}\Sigma^{\mathrm{H}}U^{\mathrm{H}}Y$$

$$= \sum_{m=1}^{M} \frac{\sigma_m}{\sigma_m^2 + \mu} v(m)(u(m)^{\mathrm{H}}Y) \qquad (4.48)$$

式(4.48)中正则化参数 $\mu$ 可以抑制小奇异值对噪声的放大作用,这正是 Tikhonov 方法能够有效抑制噪声的原因。分析式(4.46),其中正则化参数 $\mu$ 用来平衡两个目标函数。根据式(4.46),当 $\mu$ 变大时,要求估计值 $\widetilde{K}$ 的能量更小;而 $\mu$ 变小时,要求对数据的拟合残差更小。从信号估计的角度理解,$1/\mu = \varepsilon^2/\sigma^2$ 代表信号和噪声功率比,即信噪比,当信噪比提升时,说明观测数据较为精确,此时对观测数据拟合精度的要求更高,即 $\mu$ 更小。

同样可以得到基于 Tikhonov 正则化方法的极化层析 SAR 成像系统模型。将 $Y = AK$ 代入式(4.47)中,得到

$$\widetilde{K} = (A^{\mathrm{H}}A + \mu)^{-1}A^{\mathrm{H}}AK$$

$$= (V\Sigma^{\mathrm{H}}U^{\mathrm{H}}U\Sigma V^{\mathrm{H}} + \mu)^{-1}V\Sigma^{\mathrm{H}}U^{\mathrm{H}}U\Sigma V^{\mathrm{H}}K$$

$$= V(\Sigma^{\mathrm{H}}\Sigma + \mu)^{-1}\Sigma^{\mathrm{H}}\Sigma V^{\mathrm{H}}K$$

$$= V_M \Sigma_t V_M^{\mathrm{H}}K \qquad (4.49)$$

其中,$\Sigma_t$ 为 $M$ 阶对角阵,其第 $m$ 个对角元素为 $\sigma_m^2/(\sigma_m^2 + \mu)$。

### 4.3.3  基于奇异值分解的成像方法的统一框架

我们已经研究了基于傅里叶分析,截断 SVD,以及 Tikhonov 正则化方法的极化层析 SAR 成像方法,并且借助于奇异值分解,得到了包括截断 SVD,以及 Tikhonov 正则化成像方法的数学描述和成像系统的传输模型。事实上,基于傅里叶分析的成像方法也可以在奇异值分解框架下描述。根据式(4.2.1)以及 $A = U\Sigma V^{\mathrm{H}}$,可以对成像方法描述如下:

$$\widehat{K} = A_0 Y = A^{\mathrm{H}}Y = V\Sigma^{\mathrm{H}}U^{\mathrm{H}}Y = \sum_{m=1}^{M} \sigma_m v(m)(u(m)^{\mathrm{H}}Y) \qquad (4.50)$$

而成像系统的传输模型可以表示为

$$\widehat{K} = V\Sigma^{\mathrm{H}}U^{\mathrm{H}}Y = V\Sigma^{\mathrm{H}}U^{\mathrm{H}}AK$$

$$= V\Sigma^{\mathrm{H}}U^{\mathrm{H}}U\Sigma V^{\mathrm{H}}K$$

$$= V_M\Sigma_f V_M^{\mathrm{H}}K \tag{4.51}$$

其中,$\Sigma_f$ 为 $M$ 阶对角阵,其第 $m$ 个对角元素为 $\sigma_m^2$。

如果在统一的框架下对上述三种成像方法进行描述,则这些成像方法以及系统的传输模型可以分别写作如下表达式:

$$\widehat{K} = \sum_{m=1}^{M} c_m v(m)(u(m)^{\mathrm{H}}Y) \tag{4.52}$$

$$\widehat{K} = V_M\Sigma_c V_M^{\mathrm{H}}K \tag{4.53}$$

不同的成像方法区别在于 $c_m$ 以及 $\Sigma_c$ 取值不同(表4.1)。

表 4.1　不同成像方法在 SVD 分解框架下的描述

| | 成像方法描述 $\widehat{K} = \sum_{m=1}^{M} c_m v(m)(u(m)^{\mathrm{H}}Y)$ | 成像传输模型 $\widehat{K} = V_M\Sigma_c V_M^{\mathrm{H}}K$ |
|---|---|---|
| 傅里叶分析方法 | $c_m = \sigma_m$ | $\Sigma_c = \mathrm{diag}(\sigma_m^2)$ |
| TSVD 方法 | $\begin{cases} c_m = 1/\sigma_m & 1 \leqslant m \leqslant p \\ c_m = 0 & p < m \leqslant M \end{cases}$ | $\Sigma_c = \mathrm{diag}(c_m\sigma_m)$ |
| Tikhonov 正则化方法 | $c_m = \dfrac{\sigma_m}{\sigma_m^2 + \mu}$ | $\Sigma_c = \mathrm{diag}\left(\dfrac{\sigma_m^2}{\sigma_m^2 + \mu}\right)$ |

## ▉ 4.4　基于分布式压缩感知的极化层析 SAR 三维成像方法

傅里叶分析与奇异值分解类方法能够实现在高程方向上的聚焦成像,但成像分辨率受到总的基线长度的制约,无法突破瑞利限。考虑到极化层析 SAR 成像通常只有很小的俯仰观测张角,非常有限的航过数量(天线数量),具有超分辨、低旁瓣以及良好的噪声抑制能力的成像算法对提升极化层析 SAR 三维成像的性能具有重要意义。

前人提出并得到广泛应用的 MUSIC,ESPRIT,Capon 等算法具有很强的超分辨能力,但都是基于成像数据的协方差矩阵或相干矩阵设计的。为了估计数据的协方差或相干矩阵就必须对 SAR 数据进行多视处理,这必然降低 SAR 图像的距离和方位分辨率,同时平滑了目标的"高程像",破坏了目标的细节特征。此外,上述超分辨算法也缺乏对非均匀基线分布的适应能力。因此,这类算法对人造目标的层析成像并不可取。

本节研究的是基于"单视"数据的极化 SAR 超分辨层析成像方法。压缩感知(CS)是近年在信号处理领域中提出的关于稀疏信号重建的理论。本节将压缩感知领域研究的最新成果——分布式压缩感知(Distributed Compressive Sensing, DCS),引入到极化层析 SAR 成像中,建立多通道压缩感知联合成像模型,提出一种针对 $l_{2,p}$ 混合范数正则化模型的快速迭代成像方法。针对压缩感知成像中的信号泄漏问题,提出一种基于滑动窗口的迭代抑制方法。

### 4.4.1 压缩感知原理

奈奎斯特采样定理指出,当信号最高频率为 $f_{max}$ 时,若要不失真地恢复信号,则至少需要以 $F_s \geq 2f_{max}$ 的速率对信号进行采样。这个定理成立的条件是信号是稠密的(dense),如果信号本身是稀疏的(sparse),则对信号的采样速率以及采样样本数均可以大大降低。压缩感知理论就是研究在信号稀疏条件下,如何利用有限观测样本重构稀疏信号。

对于一个长度为 $N$ 的信号 $\gamma$,若存在基矩阵 $\Phi$,使得 $\alpha = \Phi\gamma$ 中至多有 $K$ 个元素不等于 0,则称 $\gamma$ 为 $K$ 稀疏($K$ - Sparsity)的。此时,线性观测模型 $g = A\gamma$,可以写作

$$g = A\gamma = A\Phi^{\mathrm{H}}\alpha = \Psi\alpha \tag{4.54}$$

其中,$A$ 称作感知矩阵($M \times N$);$\Psi$ 为观测矩阵;$g$ 为 $M$ 维观测矢量;$\gamma$ 为 $N$ 维信号矢量。

基于 CS 理论的信号矢量 $\gamma$ 的重构模型为

$$\tilde{\gamma} = \underset{\gamma}{\operatorname{argmin}} \parallel \alpha \parallel_0 \quad \text{使得} \quad g = \Psi\alpha \tag{4.55}$$

其中 $\parallel \alpha \parallel_0$ 定义为 $\alpha$ 中不为 0 的元素个数。可以证明,当 $\gamma$ 为 $K$ 稀疏的,且 $\Phi$、$A$ 和 $\Psi$ 满足一定条件,则式(4.55)给出的重构结果是唯一的、精确的。实际中的信号未必是精确的 $K$ - Sparse 的,此外,观测信号也可能包含噪声。此时信号重构模型可化为

$$\tilde{\gamma} = \underset{\gamma}{\operatorname{argmin}} \parallel \alpha \parallel_0 \quad \text{使得} \quad \parallel g - \Psi\alpha \parallel_2 < \varepsilon \tag{4.56}$$

其中,$\varepsilon$ 为容差参数。在数学上,式(4.56)可以等价为如下正则化模型:

$$\tilde{\gamma} = \underset{\gamma}{\operatorname{argmin}}(\parallel \alpha \parallel_0 + \mu \parallel g - \Psi\alpha \parallel_2^2) \tag{4.57}$$

其中,$\mu$ 为正则化参数。

为了保证 CS 重构算法在噪声环境中的信号重构性能,通常矩阵 $\Phi$、$A$ 以及 $\Psi$ 之间需要满足如下性质:

(1)不相关特性。如果感知矩阵 $A$ 和基矩阵 $\Phi$ 不相关程度越高,则准确重

构信号 $\boldsymbol{\gamma}$ 的概率越高。$\boldsymbol{A}$ 与 $\boldsymbol{\Phi}$ 的相关性定义如下：

$$\rho(\boldsymbol{A},\boldsymbol{\Phi}) = \max_{k,m}\frac{|\langle \boldsymbol{A}^k,\boldsymbol{\Phi}_m\rangle|}{\|\boldsymbol{A}^k\|\ \|\boldsymbol{\Phi}_m\|}$$

其中，$\boldsymbol{A}^k$ 为 $\boldsymbol{A}$ 的第 $k$ 行，$\boldsymbol{\Phi}_m$ 为 $\boldsymbol{\Phi}$ 的第 $m$ 列，容易证明 $1/\sqrt{N}\leqslant\rho(\boldsymbol{A},\boldsymbol{\Phi})\leqslant1$。感知矩阵和基矩阵不相关实际上要求，如果信号的能量在基矩阵定义的坐标空间中是聚集的，那么在观测空间中必须完全散开。E. Candès 的研究表明，感知矩阵 $\boldsymbol{A}$ 和基矩阵 $\boldsymbol{\Phi}$ 不相关性能越好，则重构信号需要的观测数据越少。

（2）有限等距性质（Restricted Isometry Property，RIP）。若定义 $\Sigma_k$ 为 K 稀疏集，即 $\Sigma_k = \{x:\|x\|_0\leqslant K\}$，对 $\forall v\in\Sigma_k$，若 $\exists\delta_s>0$，使得

$$(1-\delta_s)\|v\|_2^2\leqslant\|\boldsymbol{\Psi}v\|_2^2\leqslant(1+\delta_s)\|v\|_2^2$$

则称 $\boldsymbol{\Psi}$ 满足 $k$ 阶 RIP 条件。RIP 是 CS 重构算法在噪声条件下重构性能的重要保证。RIP 实际上是要求 K 稀疏信号经过在 $\boldsymbol{\Psi}$ 中投影后信号能量几乎保持不变，或者说 $\boldsymbol{\Psi}$ 中任意 K 列向量都近似正交。

（3）相关值。RIP 通常难以直接验证，此时可以通过 $\boldsymbol{\Psi}$ 的自相关值来判断重构的稳定性，自相关值越小则重构稳定性越好。矩阵 $\boldsymbol{\Psi}$ 的自相关值定义为

$$\rho(\boldsymbol{\Psi}) = \max_{k,m}\frac{|\langle \boldsymbol{\Psi}_k,\boldsymbol{\Psi}_m\rangle|}{\|\boldsymbol{\Psi}_k\|\ \|\boldsymbol{\Psi}_m\|}$$

可以证明：$\sqrt{(N-M)/[M(N-1)]}\leqslant\rho\leqslant1$，当 $N\gg M$ 时，近似有，$1/\sqrt{M}\leqslant\rho(\boldsymbol{\Psi})\leqslant1$。

## 4.4.2　分布式压缩感知极化层析 SAR 成像模型

层析成像天然就是个稀疏信号重建问题，特别是对人造目标更是如此。电磁散射理论和实践都表明，在光学区，人造目标的电磁散射可以近似为少数具有理想点散射特性的散射点电磁散射的合成。具体到层析成像中，某个像素单元内（距离-方位）目标的高度像，可以近似由少数离散的点目标来近似。此时，目标散射系数函数是时域稀疏信号，即式（4.54）中基矩阵 $\boldsymbol{\Phi}$ 为单位阵。

对于极化层析 SAR，最简单的压缩感知成像方法就是逐个极化通道应用压缩感知理论，分别获取目标在每个通道的散射系数分布函数。这相当于对层析 SAR 不同极化通道的数据进行独立处理，相应的信号重建模型为

$$\tilde{\boldsymbol{\gamma}}_{\mathrm{PQ}} = \underset{\boldsymbol{\gamma}_{\mathrm{PQ}}}{\mathrm{argmin}}(\|\boldsymbol{\gamma}_{\mathrm{PQ}}\|_0 + \mu\|\boldsymbol{g}_{\mathrm{PQ}}-\boldsymbol{A}\boldsymbol{\gamma}_{\mathrm{PQ}}\|_2^2)\quad \mathrm{PQ}\in\{\mathrm{HH},\quad\mathrm{HV},\quad\mathrm{VV}\}$$

$$(4.58)$$

注意到，式（4.58）中选取的稀疏基 $\boldsymbol{\Phi}$ 为单位矩阵，此时 $\boldsymbol{\Phi}$ 与感知矩阵 $\boldsymbol{A}$ 存在最小的相关值 $1/\sqrt{N}$，有利于保证信号的重建性能。

从成像的角度来看,对不同极化通道的数据进行独立处理具有明显的缺陷。首先独立处理不能充分利用目标的极化特性的差异来改善估计精度和提高雷达分辨能力;第二,对不同极化通道数据独立处理,可能破坏散射点多极化数据之间的一致性,例如得到的散射点位置估计可能不一样。这种非一致的结果使得后续还需要对不同极化通道的散射点进行配对处理。

我们将分布式压缩感知理论引入到极化层析 SAR 成像中,提出一种对不同极化通道数据进行联合成像的方法,从而克服独立处理带来的不足。成像模型为

$$\hat{\boldsymbol{K}} = \arg \min_{\boldsymbol{K}} \left( \parallel \mathrm{vec}(\boldsymbol{Y} - \boldsymbol{A}\boldsymbol{K}) \parallel_2^2 + \mu(\parallel \boldsymbol{K} \parallel_{2,0}) \right) \tag{4.59}$$

其中,$\parallel \boldsymbol{K} \parallel_{2,0}$ 为矩阵的 $l_{2,0}$ 混合范数,表示 $\boldsymbol{K}$ 矩阵中不为 0 的行数目,式(4.59)也称作多通道测量矢量(Multiple Measurement Vectors, MMV)模型。相应地,式(4.58)称作单通道测量矢量(Single Measurement Vector, SMV)模型。将式(4.59)定义的成像方法称作 MMV-CS 方法。

与独立成像处理显著不同的是,MMV-CS 寻求一种联合稀疏的解矩阵 $\tilde{\boldsymbol{K}}$,即不同极化通道估计的散射点位置应当是一致的。联合稀疏事实上为散射系数函数的估计提供了额外的约束,这种额外的约束可以理解为新的结构化信息,有利于提高目标散射系数估计的精度,提高成像分辨率。

从统计的角度理解,MMV 正则化模型同 Tikhonov 正则化方法具有相似之处。在 4.3 节曾指出,如果信号先验分布满足 $p(\boldsymbol{K}) \propto \exp(-\parallel \mathrm{vec}(\boldsymbol{K}) \parallel_2^2 / \varepsilon^2)$,则 Tikhonov 正则化方法得到的是对信号 $\boldsymbol{K}$ 的 MAP 估计。类似于式(4.43)~式(4.46)的推导,也可以得出 MMV-CS 是在信号先验分布 $p(\boldsymbol{K}) \propto \exp(-\parallel \boldsymbol{K} \parallel_{2,0} / \varepsilon^2)$ 时对 $K$ 的 MAP 估计。Tikhonov 方法倾向于获取具有最小能量的估计,而 MMV-CS 获取的是具有最少散射点数的估计。

### 4.4.3 MMV 分布式压缩感知成像模型的快速求解

无论是 SMV 模型还是 MMV 优化模型,在数学上都没有闭合解,不是凸优化问题,并且已经被证明是 N-P①难的。前人在研究这类问题时,采用的方法主要包括贪婪算法和"松弛"优化算法两大类。贪婪算法的基本思想是按照一定的策略,沿着局部最优的路径,迭代地从基矩阵中选择"原子"加入到对信号的稀疏表示中,算法的主要优点是收敛速度通常很快。典型的算法包括匹配追踪算法、正交匹配追踪、子空间追踪以及 IHT 算法等。"松弛"优化算法是通过对优化的目标函数进行松弛处理,使得模型可以通过数值方法求解。例如,对

---

① 所谓 N-P 难问题是指问题的复杂度与规模间不存在确定性的多项式关系的一类问题。

SMV 模型,利用 $l_1$ 与 $l_0$ 范数的相似性,用 $l_1$ 范数近似 $l_0$ 范数,使得优化模型变成凸问题,进而利用凸优化理论进行求解。

不同于 SMV 模型,求解 MMV 优化模型时,需要特别考虑 $\boldsymbol{K}$ 矩阵的联合稀疏特性,即不同极化通道中估计的散射点必须是一致的。在贪婪算法方面,已有学者针对 SMV 模型算法提出了一些改进算法,最具代表性是修正的正交匹配追踪算法(M-OMP),其流程如表 4.2 所列。这种算法能够保证 $\boldsymbol{K}$ 矩阵的联合稀疏特性,但如同所有的贪婪算法一样,算法对多信号的分辨能力不足。在松弛优化方面,最有影响力的是 M-FOCUSS 算法,这是一种数值迭代算法,优化的结果对初值依赖,容易陷入局部最优。此外,算法在运行速度以及对信号的超分辨能力上,都有不足。

表 4.2　M-OMP 算法流程

输入:数据矩阵 $\boldsymbol{Y}$,观测矩阵 $\boldsymbol{A}$,以及容差 $\varepsilon$;

输出:$\widetilde{\boldsymbol{K}}$

① 初始时设残余矩阵 $\boldsymbol{r}=\boldsymbol{Y},\boldsymbol{K}=0;,\boldsymbol{D}=[\ ]$;

② 从 $\boldsymbol{A}$ 各列中选择与残余矢量 $\boldsymbol{r}$ 最相关的一列 $\boldsymbol{a}_m=\arg\max_m\parallel(\boldsymbol{r}^{\mathrm{H}}\boldsymbol{a}_m)\parallel_2,\boldsymbol{D}\leftarrow[\boldsymbol{D};\boldsymbol{a}_m]$;

③ 将 $\boldsymbol{Y}$ 向 $\boldsymbol{D}$ 投影,并更新残余矩阵:$\widetilde{\boldsymbol{K}}\leftarrow(\boldsymbol{D}^{\mathrm{H}}\boldsymbol{D})^{-1}\boldsymbol{D}^{\mathrm{H}}\boldsymbol{Y},\boldsymbol{r}\leftarrow\boldsymbol{Y}-\boldsymbol{A}(\boldsymbol{D}^{\mathrm{H}}\boldsymbol{D})^{-1}\boldsymbol{D}^{\mathrm{H}}\boldsymbol{Y}$;

④ 若 $\parallel\mathrm{vec}(\boldsymbol{r})\parallel_2\leqslant\varepsilon$,则退出并输出 $\widetilde{\boldsymbol{K}}$,否则转②。

我们着重研究 MMV 模型的松弛类求解方法,这一类算法通常可以达到很高的分辨率。定义如下的 $l_{2,p}(0<p\leqslant1)$ 混合范数

$$(\parallel\boldsymbol{K}\parallel_{2,p})^p=\sum_i((\mathrm{span}(\boldsymbol{k}_i))^{p/2})\qquad(4.60)$$

其中,$\boldsymbol{k}_i$ 代表 $\boldsymbol{K}$ 矩阵第 $i$ 行,$\mathrm{span}(\boldsymbol{k}_i)=\mid\boldsymbol{\gamma}_{\mathrm{HH}}(i)\mid^2+\mid\sqrt{2}\boldsymbol{\gamma}_{\mathrm{HV}}(i)\mid^2+\mid\boldsymbol{\gamma}_{\mathrm{VV}}(i)\mid^2$。$l_{2,p}$ 混合范数在不同极化通道方向上计算 $l_2$ 范数,即计算信号散射矢量的张量,而在散射点位置方向上取 $l_p$ 范数。

利用 $l_{2,p}$ 混合范数对式(4.59)进行"松弛"处理,将其转化为如下的优化问题,即

$$\widehat{\boldsymbol{K}}=\arg\min_{\boldsymbol{K}}(\parallel\mathrm{vec}(\boldsymbol{Y}-\boldsymbol{A}\boldsymbol{K})\parallel_2^2+\mu(\parallel\boldsymbol{K}\parallel_{2,p})^p)\qquad(4.61)$$

$l_{2,p}(0<p\leqslant1)$ 同 $l_{2,0}$ 很相似,使得式(4.61)也能够产生具有联合稀疏特性的解。当 $p=1$,不难证明式(4.61)也是一个凸问题,可以利用经典的凸优化理论进行求解。但是,更一般的情形下,式(4.61)不是凸问题,难以利用经典的优化理论求解。

我们借鉴 M. Cetin 的处理思想,提出一种针对式(4.61)的快速迭代求解方法,适用于 $0<p\leqslant1$ 的所有情形。定义代价函数

$$J = \| \text{vec}(\boldsymbol{Y} - \boldsymbol{A}\boldsymbol{K}) \|_2^2 + \mu(\| \boldsymbol{K} \|)_{2,p})^p \tag{4.62}$$

$J$ 关于 $\boldsymbol{K}$ 求取偏导：

$$\nabla_{\boldsymbol{K}} J = (2\boldsymbol{A}^{\mathrm{H}}\boldsymbol{A} + \mu p \boldsymbol{\Lambda})\boldsymbol{K} - 2\boldsymbol{A}^{\mathrm{H}}\boldsymbol{Y} \tag{4.63}$$

其中，$\boldsymbol{\Lambda}$ 为 $N$ 阶对角阵，$\boldsymbol{\Lambda}_{n,n} = (\text{span}(\boldsymbol{k}_i))^{p/2-1}$。令 $\nabla_{\boldsymbol{K}} J = 0$，得到解 $\widetilde{\boldsymbol{K}}$ 即是目标散射系数函数的估计。考虑到式（4.63）中 $2\boldsymbol{A}^{\mathrm{H}}\boldsymbol{A} + \mu p \boldsymbol{\Lambda}$ 可以作为 Hessian 矩阵的近似，因此采用如下的近似高斯迭代法求解方程 $\nabla_{\boldsymbol{K}} J = 0$。

$$\widetilde{\boldsymbol{K}}_{n+1} = \widetilde{\boldsymbol{K}}_n - \Delta_{n+1}(2\boldsymbol{A}^{\mathrm{H}}\boldsymbol{A} + \mu p \boldsymbol{\Lambda})^{-1} \nabla_{\boldsymbol{K}_n} J \tag{4.64}$$

其中，$\Delta_{n+1}$ 为迭代中选取的步长，$\nabla_{\boldsymbol{K}_n} J$ 为 $\nabla_{\boldsymbol{K}} J$ 在 $\boldsymbol{K} = \boldsymbol{K}_n$ 处取值。图 4.3 给出了迭代算法的几何解释。

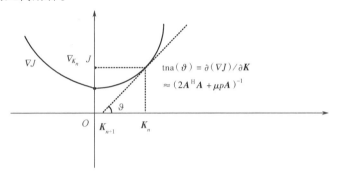

图 4.3　迭代求解 $l_{2,p}$ 正则化模型的几何解释

为了使得算法快速收敛，迭代中采用变步长，如 $\Delta_{n+1} = (\Delta_n)^{0.9}$。当 $\| \widetilde{\boldsymbol{K}}_{n+1} - \widetilde{\boldsymbol{K}}_n \|_2^2 / \| \widetilde{\boldsymbol{K}}_n \|_2^2$ 小于预设的门限时，算法退出。对于非凸非线性的优化问题，一个重要问题是算法可能陷入局部最优解，无法跳出。初值的选取对算法性能的提升具有很重要的作用，这里将 Tikhonov 算法的输出结果作为初值，实验表明这一初值可以保证算法以很大概率逼近最优解。

### 4.4.4　信号泄漏及其快速迭代抑制技术

压缩感知层析成像中的信号泄漏是指单个散射点经过成像处理后，能量泄漏到邻近的像素单元内，形成虚假散射点的现象。图 4.4 给出了信号泄漏的示意图。造成信号泄漏的原因主要包括两点：首先，噪声条件下，若 MMV 模型中正则化参数 $\mu$ 设置过小，模型会对观测数据过度拟合，形成虚假散射点。第二，MMV 模型假定了目标散射系数函数可以在单位正交基中稀疏表示。如果散射点的位置不能恰好位于采样的格点上，则信号在单位基矩阵中不是稀疏的，这称作"基失配"（Basis Mismatch）。此时，需要用多个位于格点上的散射点来近似该

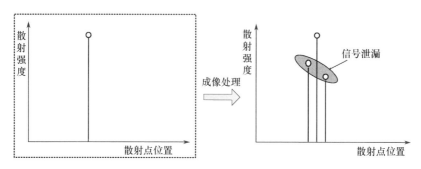

图 4.4　信号泄漏示意图

散射点。幸运的是,研究表明由基失配引起的信号泄漏通常是有界的。仿真实验证实当散射点偏离采样格点时,信号泄漏通常只出现在邻近的 2~3 个像素单元内。

信号泄漏本质上可看作是对模型阶数的过估计。我们提出一种基于滑动窗口的信号泄露抑制方法,算法的基本思想是通过迭代地合并邻近的散射点消除信号泄露。算法以求解 MMV 模型得到的解 $\tilde{\boldsymbol{K}}$ 作为 $\boldsymbol{K}$ 矩阵的初始估计,具体步骤如下:

第一步:计算极化张量 $\tilde{\boldsymbol{\gamma}}_{\text{span}} = |\tilde{\boldsymbol{\gamma}}_{\text{HH}}|^2 + |\tilde{\boldsymbol{\gamma}}_{\text{HV}}|^2 + |\tilde{\boldsymbol{\gamma}}_{\text{VV}}|^2$,并对 $\tilde{\boldsymbol{\gamma}}_{\text{span}}$ 作峰值检测。为抑制由噪声引起的峰值点,可设定门限,只保留能量超过门限的峰值点。门限的选取可依据最强峰值点的能量设定,如不低于最强峰值点的 30dB。记 $\Omega$ 为峰值点的集合 $\Omega = \{s_1, s_2 \cdots\}$;

第二步:对 $\Omega$ 中任意位置点 $s_k$,以该点为中心,加长度为 $n_{\text{win}}$ 的窗,合并窗内所有散射点。合并方法为将 $\tilde{\boldsymbol{K}}$ 矩阵中所有位于窗以外的散射点散射系数置 0,得到 $\tilde{\boldsymbol{K}}'$,合成一个新的观测信号 $\hat{\boldsymbol{Y}} = \boldsymbol{A}\,\tilde{\boldsymbol{K}}'$,通过求解

$$\tilde{s_k} = \arg \max_s \| (\boldsymbol{x}(s))^{\text{H}}\,\hat{\boldsymbol{Y}} \|_2 \tag{4.65}$$

得到合并后散射点位置的估计。其中 $\boldsymbol{x}(s)$ 是位于 $s$ 处的散射点对应的导向矢量;

第三步:根据第二步得到的散射点位置信息,更新流型矩阵 $\boldsymbol{A}$;利用最小二乘法估计 $\boldsymbol{K}, \hat{\boldsymbol{K}} = (\boldsymbol{A}^{\text{H}}\boldsymbol{A})^{-1}\boldsymbol{A}^{\text{H}}\boldsymbol{Y}$。更新 $\Omega, \Omega = \{\tilde{s_1}, \tilde{s_2}, \cdots\}$;

第四步:重复第二步和第三步直到没有可以合并的散射点,输出散射点位置和 $\tilde{\boldsymbol{K}}$ 算法中的窗口 $n_{\text{win}}$ 的大小决定了算法对信号泄露抑制的能力,$n_{\text{win}}$ 值太小则对信号泄露的抑制能力不足,$n_{\text{win}}$ 太大会显著降低成像的分辨率。仿真实验表明,成像分辨率一般难以超过 0.2~0.3 倍傅里叶分辨单元,因此可以取 $n_{\text{win}}$ 为

0.2 或 0.3 倍傅里叶分辨单元。此时,算法能够较好实现超分辨与信号泄漏抑制能力的兼顾。

## 4.5 极化层析 SAR 三维成像仿真与性能分析

### 4.5.1 均匀基线三维层析成像仿真

实验中,不考虑 SAR 二维成像,假定 SAR 图像已经配准,雷达采用重复航过工作模式。SAR 成像参数如表 4.3 所列。依式(4.18)可得雷达俯仰方向傅里叶分辨率为 $\rho_e = 4\text{m}$,俯仰方向不模糊长度为 $h_e = 40\text{m}$。以 $\Delta s = \rho_e / 10 = 0.4\text{m}$ 对散射系数函数进行划分,划分格点为 $-20, -19.6, \cdots, 20$,格点数为 101。

表 4.3　层析成像仿真参数表

| 参数 | 符号 | 取值 |
| --- | --- | --- |
| 雷达波长 | $\lambda$ | 0.03m |
| 垂直基线间隔 | $\Delta b$ | 3m |
| 航过数目 | $M$ | 10 |
| 平台高度 | $H$ | 5000m |
| 成像斜距 | $R$ | 8000m |

#### 4.5.1.1 单散射点成像仿真

本实验用于验证不同成像算法对目标成像的正确性,揭示压缩感知成像中的信号泄露问题,验证信号泄露抑制算法的有效性。设定目标极化散射矢量为 $\boldsymbol{k} = \begin{bmatrix} 1 & 0.3\text{j} & -1 \end{bmatrix}$。分别仿真三种情形:①无噪声,且目标位于格点上,$s = 4\text{m}$,如图 4.5 所示;②高斯白噪声条件,信噪比 SNR $= 10\text{dB}$,目标位于格点上,$s = 4\text{m}$,如图 4.6 所示;③无噪声,目标偏离采样格点,$s = 3\text{m}$,如图 4.7 所示。解斜处理时选取的参考点高度为 $s = 0$。

分别应用傅里叶分析、Tikhonov 正则化方法、M-OMP、SMV-CS 以及 MMV-CS 进行成像。正则化参数均取为 $\mu = 0.5$。SMV-CS 和 MMV-CS 算法中范数 $p = 0.8$。信号泄露抑制算法中,$n_{\text{win}} = 0.2\rho_e$。

图 4.5 ~ 图 4.7 给出了三种情形下的仿真结果。Tikhonov 和傅里叶分析方法均能对目标正确成像,且成像输出非常相似。这是因为在均匀基线条件下,感知矩阵 $\boldsymbol{A}$ 奇异值分布非常平坦,此时 Tikhonov 和傅里叶分析方法成像模型几乎相同。相比 Tikhonov 与傅里叶分析方法,压缩感知成像结果具有明显的稀疏特性。但不同压缩感知成像算法结果存在差异。在情形①中,M-OMP、SMV-CS 以

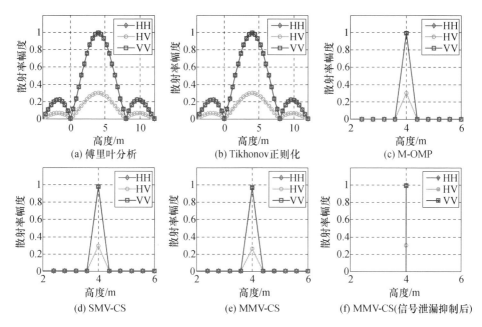

图 4.5　单点目标极化层析 SAR 成像仿真图(情形①)(见彩图)

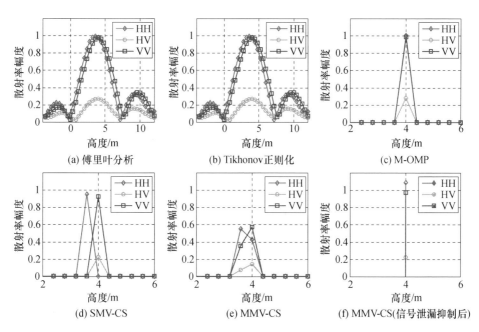

图 4.6　单点目标极化层析 SAR 成像仿真图(情形②)(见彩图)

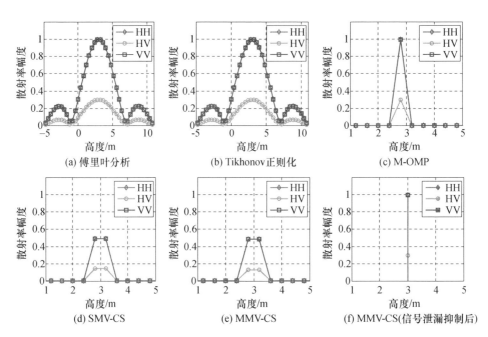

图 4.7　单点目标极化层析 SAR 成像仿真图(情形③)(见彩图)

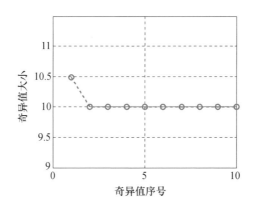

图 4.8　感知矩阵 $\boldsymbol{A}$ 奇异值分布

及 MMV-CS 方法均能对目标准确成像。在情形②和情形③中,SMV-CS 方法以及 MMV-CS 方法存在信号泄露现象,经信号泄漏抑制算法处理后,MMV-CS 在三种情形下均准确对目标位置和散射矢量进行估计。

### 4.5.1.2　两散射点成像仿真

本实验的目的是为了检验不同成像算法的对多目标的分辨能力。设定两个目标 $\boldsymbol{k}_1 = \begin{bmatrix} 1 & 0.3\mathrm{j} & -1 \end{bmatrix}$, $\boldsymbol{k}_2 = \begin{bmatrix} 1 & 0.7\mathrm{j} & 1 \end{bmatrix}$, $s_1 = 3\mathrm{m}$, $s_2 = 5\mathrm{m}$。其他参数同

4.5.1.1 节。图 4.9 给出了不同算法的成像结果。由于散射点间隔小于傅里叶分辨单元,可以看到傅里叶分析和 Tikhonov 正则化方法均无法分辨两散射点。M-OMP 算法检测到两散射点,但无法正确对散射点位置和散射矢量进行估计,这是贪婪类算法的主要缺陷。从 SMV-CS 算法结果中难以正确估计散射点数量和位置。相比 SMV-CS 算法,MMV-CS 以及 M-OMP 算法均表现出联合稀疏特性,即各极化通道对散射点位置的估计是一致的,这是联合处理算法对独立处理算法的重要优势。经过信号泄漏抑制后,MMV-CS 算法给出了散射点位置和散射系数的准确估计。对比 SMV-CS 和 MMV-CS 结果,可知对不同极化通道数据的联合处理能够显著改善对目标位置和散射系数的估计精度。

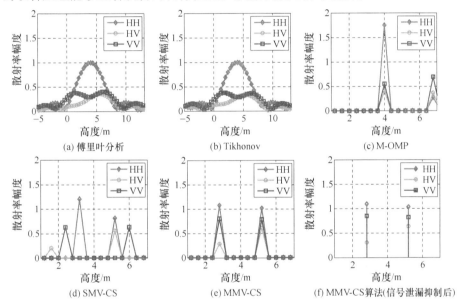

图 4.9　两散射点的极化层析 SAR 成像仿真(见彩图)

### 4.5.1.3　MMV-CS 成像统计性能

本实验的目的是研究 MMV-CS 算法在不同信噪比条件下对多散射点的分辨能力。实验中,MMV-CS 结果均经过了信号泄露抑制处理。设定两个散射点,散射点散射矢量与以上实验相同,散射点间隔由 $0.3\rho_e \sim 1.2\rho_e$ 逐渐变化 $s_1 = 0, s_2 = 0.3\rho_e, 0.35\rho_e, 0.4\rho_e \cdots$。如图 4.10 所示,选择四种信噪比,5dB、10dB、15dB 以及 20dB。每种散射点间隔和信噪比组合下,开展 1000 次蒙特卡罗仿真。

进行如下定义:一次实验中,如果恰好检测到两个散射点,并且散射点位置与真实位置相比误差不超过 $0.1\rho_e$,则称此次实验中成功分辨两散射点。给定信

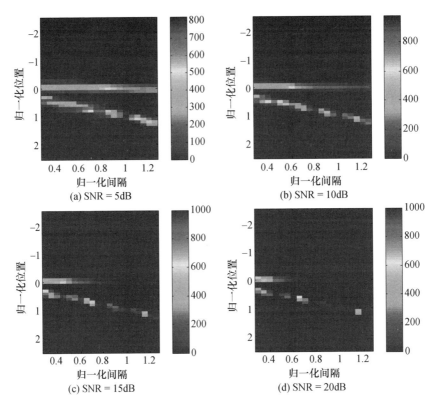

图 4.10 MMV-CS 算法成像统计特性(见彩图)

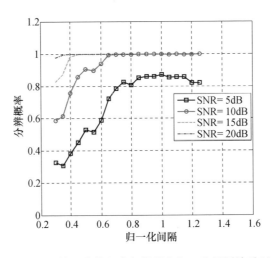

图 4.11 MMV-CS 算法分辨概率与散射点归一化间隔关系(见彩图)

噪比和散射点间隔,对散射点成功分辨概率为

$$P_D = n_d / 1000 \tag{4.66}$$

式中:$n_d$ 表示 1000 次仿真中成功对散射点进行分辨的次数。图 4.11 给出了不同信噪比条件下,分辨概率与散射点归一化间隔关系。可以看到,当散射点间隔为 $0.4\rho_e$,SNR = 5dB,成功分辨概率为 0.4;SNR = 10dB 时为 0.76;当 SNR ⩾ 15dB 时分辨概率大于 0.98。

### 4.5.2　非均匀基线三维层析成像仿真

#### 4.5.2.1　单散射点成像仿真

仍采用 10 条航过,并在均匀基线分布的基础上,对各次航线的位置添加扰动,形成非均匀基线。基线分布如图 4.12 所示,其中航线最小间隔 0.3m,最大间隔 5.5m。设定目标位置 $s = 7m$,目标散射矢量 $\mathbf{k} = \begin{bmatrix} 1 & 0.3j & -1 \end{bmatrix}$。实验中其他雷达参数及算法设置与 4.5.1.1 节相同。图 4.13 给出了不同算法的成像结果。其中,在应用傅里叶分析方法时,首先基于 4.5.1.1 节方法将非均匀阵列转化为均匀阵列,然后进行成像。

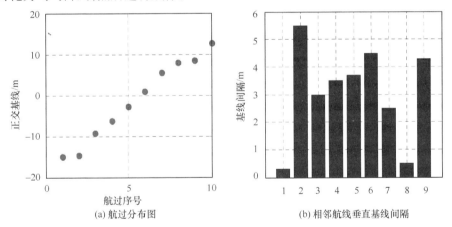

(a) 航过分布图　　　　　　　(b) 相邻航线垂直基线间隔

图 4.12　基线分布图

不同成像方法均能正确重建目标。傅里叶分析方法具有很高的成像旁瓣,最大旁瓣电平约为 −7dB。需要说明的是,这种旁瓣的产生本质上因为部分航线间隔过大造成对信号的欠采样,因此无法通过加窗来抑制。Tikhonov 方法旁瓣较傅里叶分析方法旁瓣明显更低,最大旁瓣约为 −13.6dB。Tikhonov 方法与傅里叶分析结果的不同是因为非均匀基线条件下,观测矩阵的奇异值具有明显的衰落特性,如图 4.14 所示。压缩感知类算法在非均匀基线条件下的性能与均匀基线条件下类似,此处出于简洁目的,仅给出 MMV-CS 算法结果。成像结果

经过了信号泄露抑制处理。可以看到,MMV-CS 算法对目标的位置及散射矢量的估计十分准确。总的来看,MMV-CS 在多种方法的比较中,性能最佳。

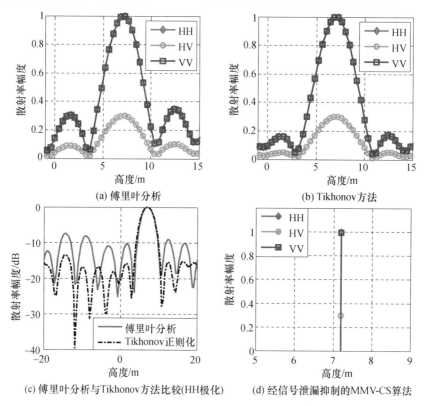

(a) 傅里叶分析

(b) Tikhonov方法

(c) 傅里叶分析与Tikhonov方法比较(HH极化)

(d) 经信号泄漏抑制的MMV-CS算法

图 4.13　非均匀基线条件下单点目标极化层析 SAR 成像结果(见彩图)

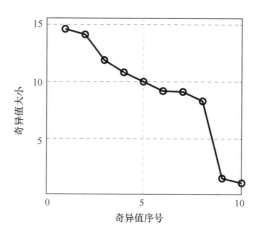

图 4.14　观测矩阵奇异值分布图

### 4.5.2.2　两散射点成像性能

本实验的目的包括:①比较不同成像方法在非均匀基线条件下对多目标的分辨能力;②针对每一种成像方法,比较其在均匀基线和非均匀基线条件下的性能差异。在层析成像中,航过数量(单航过工作模式下,对应有天线阵元数量)通常极其有限。此时,若采用均匀基线分布形式,则往往难以同时满足高度分辨率和不模糊成像高度的要求。采用非均匀基线分布形式有望实现分辨率和成像模糊度的兼顾。本实验将研究在航过数量一定的条件下,非均匀基线分布对于改善层析成像性能的作用。

实验中,基线分布呈四种形式。①基线间隔 $\Delta b = 3\mathrm{m}$,10 次航过;②从上述十次航过中抽取第 1、2、5、7、10 次航过数据进行层析成像;③从十次航过中抽取第 1、2、3、4、5 次航过数据进行层析成像;④从十次航过中抽取第 1、3、5、7、9 次航过数据进行层析成像。情形②为非均匀基线分布,其他为均匀基线分布。设定两点目标,目标位置分别为 $s_1 = -5\mathrm{m}, s_1 = -6.6\mathrm{m}$,目标间隔为 $0.4\rho_e$。着重研究 Tikhonov 方法与 MMV-CS 方法性能。其他雷达参数及算法设置与前述实验相同。针对每种情形,分别开展 100 次蒙特卡罗仿真,仿真数据信噪比均为 10dB。如图 4.15 所示。

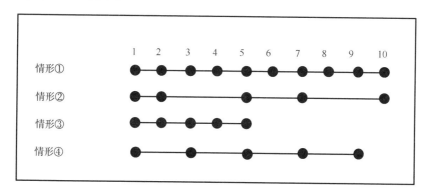

图 4.15　基线分布示意图

图 4.16 和图 4.17 给出仿真实验图,图中横坐标代表蒙特卡罗仿真实验序号,纵坐标表示每次实验获得的散射点位置,颜色代表散射点的能量,能量以 dB 为单位。可以看到,Tikhonov 方法在四种基线分布条件下均无法对目标进行分辨,且在情形②和情形④中出现了严重的旁瓣。MMV-CS 方法在情形①和情形②中均实现了对目标的分辨,在情形③中无法实现对两散射点的分离,而在情形④中出现了严重的成像模糊。总的来说,MMV-CS 超分辨能力显著优于 Tikhonov 方法,成像旁瓣低于 Tikhonov 方法。对 MMV-CS 方法,在航过数量一定的

条件下,非均匀基线分布相对均匀基线分布优势明显,能够同时实现高分辨和抗模糊能力。

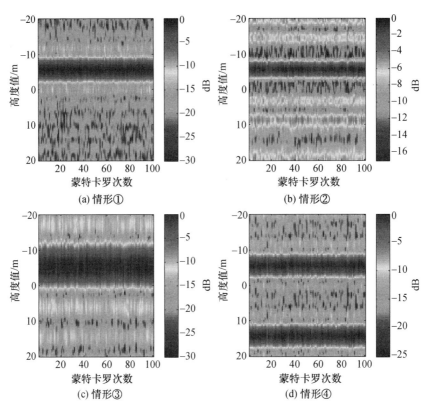

图 4.16 Tikhonov 方法成像结果(见彩图)

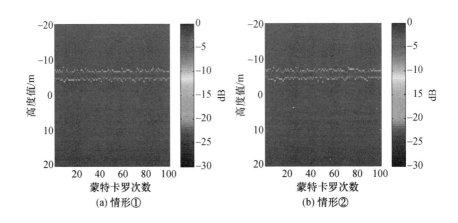

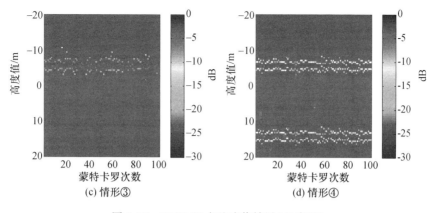

(c) 情形③　　　　　　　　　(d) 情形④

图 4.17　MMV-CS 方法成像结果(见彩图)

## 4.6　多基线极化层析 SAR 三维成像实验

### 4.6.1　多基线极化层析 SAR 实验系统设计

本节设计 X 波段地基轨道极化层析 SAR 实验系统,并对系统的参数进行详细设计和论证。极化层析 SAR 实验系统由矢量网络分析仪(Vector Network Analyzer,VNA)、线性轨道、天线系统以及控制计算机构成。基于 VNA 实现雷达信号的产生、发射和接收,VNA 在外部计算机控制下以一定的重复周期发射和接收目标散射信号。不同于常规 SAR 系统,VNA 信号均为步进频信号,雷达距离向高分辨通过对宽带步进频测量数据进行相干处理获得。雷达方位高分辨通过 VNA 在线性轨道上的横向运动形成。实验系统采用重复航过工作模式,通过改变不同航过中天线的高度实现多基线数据的采集。雷达天线采用收发分置模式,收发天线间的耦合信号在距离维成像后利用时域加窗滤除。图 4.18 给出了系统的组成及工作示意图,图 4.19 给出了系统的光学照片。

表 4.4 给出了极化层析 SAR 实验系统参数。其中,雷达中心频率 $f_c = 10\text{GHz}$,步进频信号总带宽 $B = 500\text{MHz}$,对应的径向分辨率 $\rho_r = c/2B = 0.3\text{m}$。频率步进量 $\Delta f$ 根据成像场景的大小设计。由于场景远端距离小于 $100\text{m}$,因此选择 $\Delta f = 1\text{MHz}$,对应最大不模糊距离 $R_a = c/2\Delta f = 150\text{m}$,可以保证在整个距离成像范围内不发生模糊。天线方位波束宽度约为 $18°$,因此选择平台运动速度 $v_a = 0.1\text{m}$,扫频测量周期 PRT $= 120\text{ms}$,这可以保证不发生多普勒频率混叠。实验中,为了获得近似均匀的距离和方位分辨率,在横向聚焦前,对多普勒谱进行了预滤波,只保留部分相位历史数据,横向聚焦时方位积累角为 $\theta = 3°$,相应的方位分辨率 $\rho_a = \lambda/2\theta = 0.28\text{m}$。VNA 的中频接收带宽选择为 $B_m = 1\text{MHz}$,实验

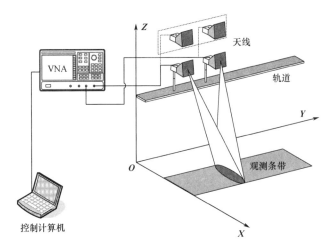

图 4.18　轨道极化层析 SAR 实验系统组成图

(a) 雷达系统　　　　　　(b) 轨道路　　　　　(c) VNA, 安捷伦5242A

图 4.19　轨道极化层析 SAR 实验系统

中选择这种较大的中频带宽,尽管牺牲了部分信噪比,但是可以使 VNA 以很快的速度进行频率扫描,从而保证了在小于 PRT 时间内,完成单次所有频点的测量。

　　图 4.20 给出了系统的垂直基线分布示意图。整个高度向合成孔径由 10 次平行的航过构成,基线间隔 $\Delta b = 0.1\mathrm{m}$,总的基线长度 $L = M \times \Delta b = 1\mathrm{m}$。基线近

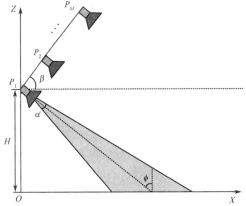

图 4.20　轨道极化层析 SAR 基线布置示意图

似与中心场景的雷达视线垂直。根据式(4.19),对于中心场景 $r_0 \approx 60\text{m}$,高度分辨率 $\rho_\text{h} \approx 0.9\text{m}$,对于成像近端 $r_0 \approx 30\text{m}$,高度分辨率 $\rho_\text{h} \approx 0.45\text{m}$。

表 4.4　轨道极化层析 SAR 参数

| 参数类型 | 参数 | 符号 | 取值 |
|---|---|---|---|
| 频率扫描参数 | 中心频率 | $f_c$ | 10GHz |
| | 带宽 | $B$ | 500MHz |
| | 频率步进 | $\Delta f$ | 1MHz |
| | 扫描周期 | PRT | 120ms |
| 平台参数 | 平台速度 | $v_a$ | 0.1m/s |
| | 天线方位波束宽度 | $\alpha$ | 18° |
| | 中心场景视角 | $\phi$ | 86.2° |
| | 参考天线高度 | $H$ | 4.34m |
| | 极化方式 | / | HH,HV,VV |
| 基线参数 | 基线间隔 | $\Delta b$ | 0.1m |
| | 航过数目 | $M$ | 10 |
| | 基线倾角 | $\beta$ | 82.5° |
| 矢网参数 | 接收机中频带宽 | $B_\text{m}$ | 1MHz |
| | 源端口功率 | $P_\text{t}$ | 15dBmw |
| | 扫描形式 | / | 步进扫描 |

## 4.6.2　多基线极化层析 SAR 三维成像信号处理

轨道极化层析 SAR 三维成像的信号处理主要包含二维聚焦成像、图像配准、相位误差校准以及高度向的聚焦成像等步骤。采用针对步进频雷达设计的 $\omega - k$ 算法用于二维 SAR 成像。图像配准采用谱相关法,从 10 次航过中选取某一航过图像作为参考图像,然后将其余航过图像配准作为辅图像分别与参考图像进行配准。配准时,每幅图像均进行 10 倍插值,以保证配准精度达到 0.1 个像素。

考虑到层析成像本质是对不同视角上获取的 SAR 二维复图像进行相干处理,因此相位精度对于聚焦性能至关重要。由于平台的抖动,在横向运动时候,雷达位置可能会偏离理想值。尽管现在的导航设备精度可以达到 0.1m,但仍不足以保证层析成像的质量。例如,对 X 波段雷达,1.5cm 微弱平台抖动都可能造成 $2\pi$ 的相位误差,这使得高度方向上的聚焦成像几乎不可能。因此,基于数据本身的相位校正方法非常值得研究。这里提出一种基于特显点的相位校正方法。假设 $\Delta b_m^x$ 和 $\Delta b_m^z$ 分别表示第 $m$ 次航过中雷达在 $x$ 和 $z$ 方向上的位置误差。根据波恩近似,相应的相位误差为

$$\Delta\varphi_m \approx \frac{4\pi}{\lambda}(\Delta b_m^x \sin\phi - \Delta b_m^z \cos\phi) \tag{4.66}$$

其中,$\phi$ 为雷达视角,容易证明,关于 $m$ 的一次相位误差,会导致目标位置发生偏移,二次相位会造成目标主瓣展宽,旁瓣升高。

从式(4.66)来看,相位误差与雷达视角有关,也即和成像斜距有关。$\Delta\varphi_m$ 关于 $\phi$ 求导得到:

$$\left|\frac{d\Delta\varphi_m}{d\phi}\right| \approx \left|\frac{4\pi}{\lambda}(\Delta b_m^x \cos\phi + \Delta b_m^z \sin\phi)\right| \leqslant \frac{4\pi}{\lambda}\sqrt{(\Delta b_m^x)^2 + (\Delta b_m^z)^2} \tag{4.67}$$

这表明相位误差关于 $\phi$ 求导后是有界函数。因此,如果对 SAR 图像进行合适的分块,那么分块内各像素点的相位误差曲线可以认为是近似一致的。此时,可以利用分块内的强散射点来估计相位误差曲线。假定存在一独立的强散射点,且散射点高度已知,那么该散射点在 SAR 图像中的理论相位可以计算得到,将实际观测到的相位减去理想值可以得到相位误差的估计。后续的处理结果表明,这种方法尽管非常简单,却十分有效。本实验中,利用角反射器作为特显点来估计相位误差。当估计得到相位误差曲线后,观测相位减去相位误差后得到的就是校准后的相位。高度维的聚焦成像是我们研究的重点,实验中,重点验证和比较 Tikhonov 正则化方法以及基于 MMV-CS 方法的性能。图 4.21 给出了轨道极化层析 SAR 完整的信号处理流程图。

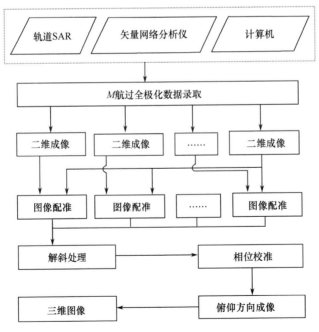

图 4.21　轨道极化层析 SAR 信号处理框图

## 4.6.3 实验结果及其分析

### 4.6.3.1 成像场景

实验数据为2011年11月在长沙某实验场地录取。如图4.22所示,实验场地地形略有起伏,覆盖有杂草和少量树木。场景中包含角反射器和一辆军用卡车,无其他人造目标。由于实验轨道高度较低,成像时雷达波束擦地角很小,地杂波较弱。

图4.22 实验场地光学图(见彩图)

### 4.6.3.2 角反射器的极化层析SAR成像

成像中,布置有四个三面角角反射器目标,图4.23给出了角反射器目标的光学图片。其中,A、$B_2$、C三个角反射器摆放在地面上,角反射器$B_1$高度约为1m。角反射器目标具有近似理想的点散射特性,严格已知的高度位置,因此是定量衡量系统性能,验证算法有效性的较为理想的实验对象。

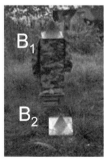

图4.23 层析成像实验中的角反射器目标(见彩图)

图4.24给出了角反射器在距离和方位平面内的布置示意图,以及相应的二维成像图。可以看到,二维成像结果能够清晰反映目标位置。二维成像后,依次对多航过SAR图像进行图像配准、相位解斜以及相位校正操作。其中,相位较

正时选取 $B_2$ 角反射器作为特显点用来估计相位误差曲线。选择 $B_2$ 角反射器的理由是,$B_2$ 位于成像场景中心,通常相位校正的效果会更好。

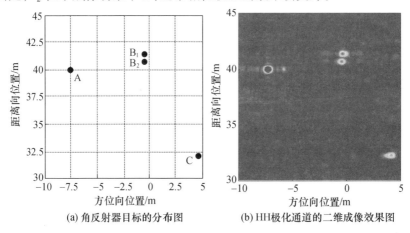

(a) 角反射器目标的分布图　　　　　(b) HH极化通道的二维成像效果图

图 4.24　角反射器目标布置及成像效果图(见彩图)

图 4.25 给出了相位校正前后的极化层析三维成像结果,其中图(a)和图(c)分别为相位校正前后的高程切片图;图(b)和图(d)分别为校正前后成像结果在"方位 – 高度"以及"距离 – 高度"平面的投影图。考虑到对角反射器目标,共极化通道结果没有明显差别而交叉极化通道目标散射信号很弱,这里只给出了 HH 通道结果。成像方法为 Tikhonov 正则化方法,正则化参数选择为 $\mu = 0.1$。可以看到,相位校正前后成像结果差别明显。相位校正前:①角反射器在高度方向上有位置偏移。例如,角反射器 C 布置于地面上,真实高度约为 0m,而估计的高度约为 –2m;②高度方向上成像散焦严重旁瓣很高,无法准确估计目标个数;③$B_1$ 和 $B_2$ 不能在高度方向上被分离。而在相位校正后,能够准确确定目标数量,并且每个目标的距离、方位以及高度位置与真值均一致。为更加定量地说明这一点,图 4.25(d)中用竖线段标记了 $B_1$ 和 $B_2$ 所在的方位分辨单元,图 4.26 给出了该方位分辨单元的切片图。可以看到,$B_1$ 的 $B_2$ 高度差估计值约为 0.98m,真值为 1m,说明估计的精度是很高的。

图 4.27 给出了相位校正后角反射器的成像响应图。对于每个角反射器的响应函数最大值均作了归一化处理。角反射器 $A(r_0 = 40m)$ 和角反射器 $C(r_0 = 32m)$ 的 3dB 主瓣宽度分别为 0.61m 和 0.47m,根据式(4.19)计算的理论值分辨率为 $\rho_h = 0.48m(r_0 = 32m)$,以及 $\rho_h = 0.60m(r_0 = 40m)$。成像输出与理论分析高度一致。角反射器 $B_1$ 和 $B_2$ 的成像响应主瓣宽度与角反射器 A 近似相同是因为三者的成像斜距近似相等。图 4.28 给出了角反射器目标的三维重建图,图形是依据角反射器目标成像后能量分布的 –10dB 轮廓绘制(将散射最强的 10dB 范围内点连接起来,绘制得到)。

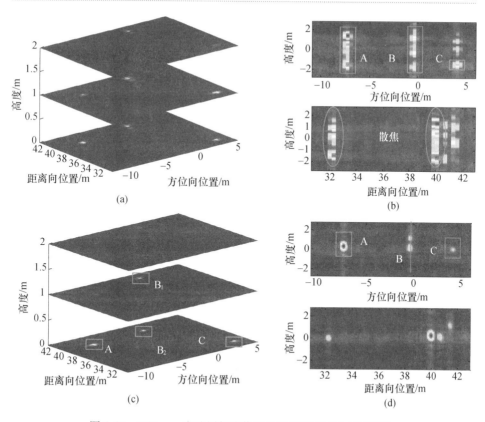

图 4.25　Tikhonov 方法层析成像结果图（HH 极化）（见彩图）

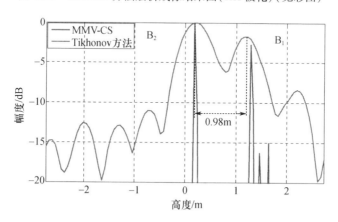

图 4.26　$B_1$ 和 $B_2$ 所在方位单元的切片图

　　下面给出应用 MMV-CS 方法对角反射器目标进行重建的结果。选择正则化参数 $\mu=1$，混合范数 $l_{2,p}$ 选择为 $p=0.6$。图 4.28（b）和图 4.29 给出了相应的结果。与 Tikhonov 方法相比，MMV-CS 方法性能优势明显。从角反射器成像响

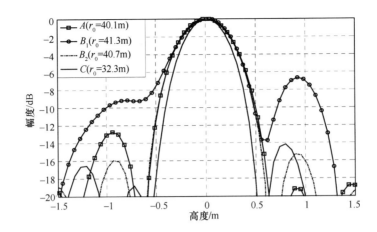

图 4.27　角反射器目标的成像响应图（Tikhonov 方法）

应来看，MMV-CS 方法输出的结果具有显著的稀疏特性，且成像的旁瓣很低，主瓣很窄，显示出更好的目标分辨。

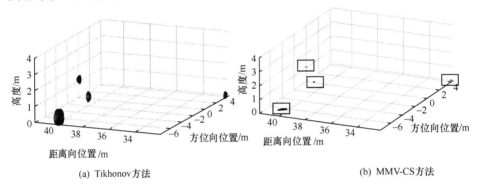

(a) Tikhonov方法　　　　　　　　　　　(b) MMV-CS方法

图 4.28　角反射器目标三维重构的等值面图

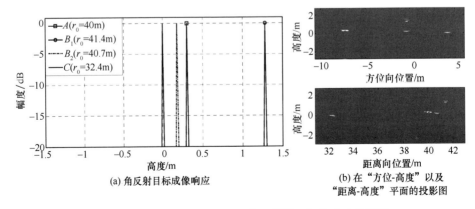

(a) 角反射目标成像响应　　　　　(b) 在"方位-高度"以及
　　　　　　　　　　　　　　　　　"距离-高度"平面的投影图

图 4.29　应用 MMV-CS 方法对角反射器目标的重建结果图

### 4.6.3.3　车辆目标的极化层析 SAR 成像

实验对象是一辆卡车,车身高 3.3m,车头高 2.6m,如图 4.30 所示。选择车辆目标作为实验对象是因为车身垂直结构较多,成像时的层叠现象会比较突出,可以检验系统及成像算法在垂直方向对多散射点的分辨能力。车辆在实验场景中的姿态位置如图 4.31(a)所示,车身与雷达横向约成 35°夹角,目标斜距约 60m。车仓呈封闭状态。图 4.31(b)给出了 HH 通道的二维成像图,从图中可以看到,车辆 SAR 图像表现为若干离散的强散射结构的合成,即车辆散射本身具有稀疏性,这正好满足了应用 MMV-CS 方法的前提。

图 4.30　实验车辆图(见彩图)

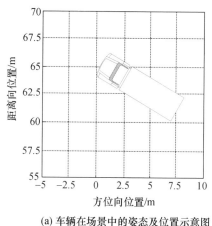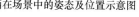

(a) 车辆在场景中的姿态及位置示意图

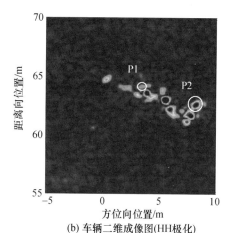

(b) 车辆二维成像图(HH 极化)

图 4.31　车辆目标布置及二维成像效果图(见彩图)

图 4.32～图 4.34 给出了应用 Tikhonov 方法和 MMV-CS 方法得到的车辆目标层析成像的高程切片图。其中,Tikhonov 和 MMV-CS 方法正则化参数均为 $\mu = 0.1$,MMV-CS 方法中模型混合范数取为 $l_{2,1}$ 混合范数。图中不同极化通道图像均相对于最大值作了归一化,且以 dB 刻度进行显示。

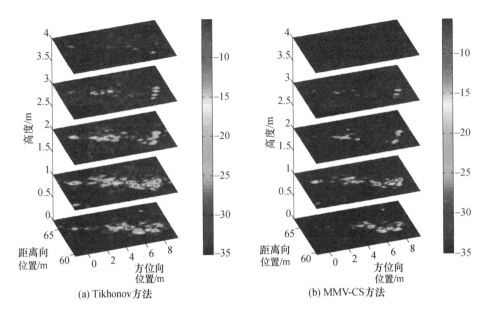

图 4.32　车辆目标极化层析 SAR 三维成像高程切片图（HH 极化）（见彩图）

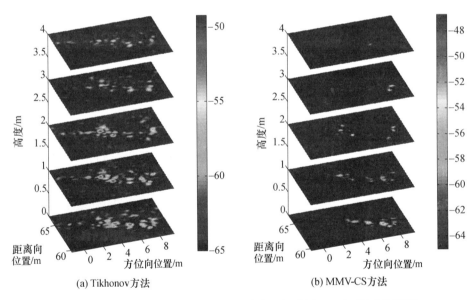

图 4.33　车辆目标极化层析 SAR 三维成像高程切片图（HV 极化）（见彩图）

　　随着高度变化，高程切片图表现出明显的不同。对于部分距离和方位分辨单元，存在多个散射点分布在不同高程切片上的现象。考虑到依据式（4.19）计算的傅里叶分辨率为 0.9m，而高程切片间隔为 1m，大于傅里叶分辨单元，因此可以得出结论二维 SAR 图像中存在层叠现象，并且层析 SAR 能够在高程上分

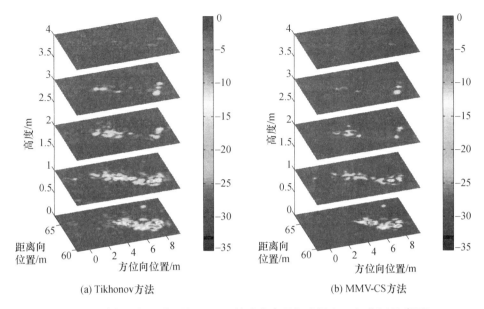

(a) Tikhonov方法　　　　　　　　　(b) MMV-CS方法

图 4.34　车辆目标极化层析 SAR 三维成像高程切片图(VV 极化)(见彩图)

离多个散射点。依据高程切片图可以对车辆的高度进行估计,车辆高度约为 3m。这与车辆真实高度值一致。事实上,如果绘出更密集的高程切片可以得到更为精确的车辆高度估计。

不同极化通道的成像结果存在明显的差异。HV 极化通道的散射能量较 HH 和 VV 极化通道弱很多。目标的极化散射特性的差异为揭示目标散射机理提供了依据,同时也是开展极化层析成像的原因之一。不同极化通道成像结果具有互补性,可以增加目标的可观测性,在某个极化通道无法观测到的散射点可能在另一个极化通道观测到。例如,本实验中,VV 极化通道无法观测到车头散射,而 HH 极化通道能够观测到车头的散射。

尽管 Tikhonov 正则化方法和 MMV-CS 成像结果均能重建车辆目标,但是 MMV-CS 具有明显的稀疏特性。MMV-CS 方法成像后散射点的能量聚集性好,成像的旁瓣低主瓣窄,分辨率高。为进一步说明这一点,图 4.35 ~ 图 4.37 给出了成像结果的方位切片图。可以看到,无论在 HH、HV 还是 VV 极化通道,MMV-CS 成像方法的高度分辨率都显著优于 Tikhonov 方法,且旁瓣更低。从 MMV-CS 输出图像上可以观测到更多目标细节信息。

MMV-CS 是对不同极化通道数据的联合处理,相对于独立处理(SMV 模型),MMV-CS 能够在不同极化通道获得对散射点位置的一致估计,即"联合稀疏"特性,从而避免后续对散射点的配对。从二维 SAR 图像中选择两个"距离 - 方位"像素单元,如图 4.31(b)P1 和 P2,将两种方法获得的这两个像素单元的

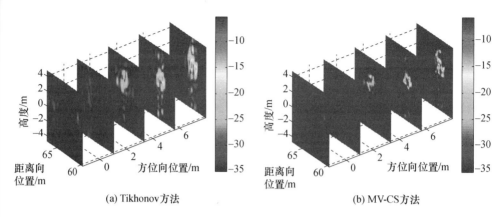

(a) Tikhonov方法          (b) MV-CS方法

图4.35 车辆目标极化层析SAR三维成像方位切片图(HH极化)(见彩图)

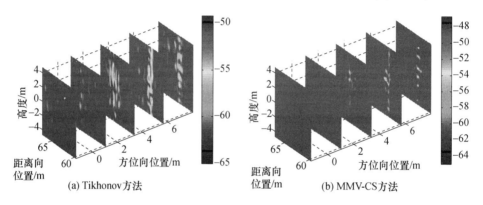

(a) Tikhonov方法          (b) MMV-CS方法

图4.36 车辆目标极化层析SAR三维成像方位切片图(HV极化)(见彩图)

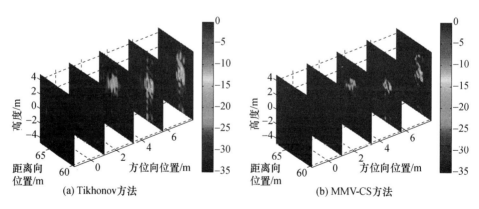

(a) Tikhonov方法          (b) MMV-CS方法

图4.37 车辆目标极化层析SAR三维成像方位切片图(VV极化)(见彩图)

"高度像"绘于图4.38。可以看到,尽管独立处理和联合处理输出结果都具有稀疏特性,联合处理方法在不同极化通道提取到的散射点在位置上一致的。

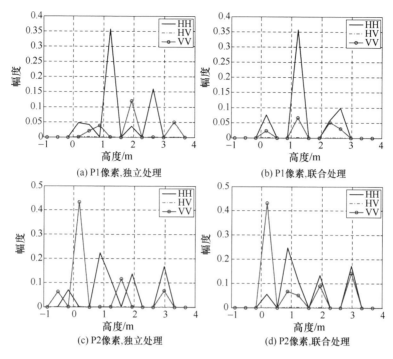

图 4.38  基于多通道联合处理和独立处理获得的测试像素"高度像"

MMC-CS 成像对目标散射系数函数的稀疏重建使得可以利用离散的散射点来对目标进行描述,而用散射点对目标进行描述在自动目标识别系统中是十分高效的。图 4.39 给出了利用 MMV-CS 提取到的散射点的分布,其中仅包含了能量最强的 20dB 范围内的散射点,散射点颜色在 Lexi 基下合成方法是红色表示 HH,绿色表示 HV,蓝色表示 VV;在 Pauli 基下合成方法是红色表示 |HH − VV|,绿色表示 2|HV|,蓝色表示 |HH + VV|。散射点的强度用符号的大小表示。大部分散射点在 Pauli 基下呈现蓝色和红色,表明相应的散射为平板类型或二面角类型散射,这与人造目标的散射机理十分吻合。

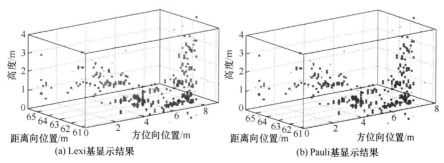

图 4.39  车辆目标散射点分布(见彩图)

# 🔲 4.7 小　　结

本章紧密围绕"超分辨成像""适应非均匀基线"以及"多极化联合成像"三个关键问题开展了多基线极化层析 SAR 三维成像研究。第一,基于傅里叶分析手段,研究了成像性能与极化层析 SAR 成像参数的关系;第二,针对非均匀基线形态,提出一种基于内插变换以及正则化模型,将非均匀阵列信号转化为均匀阵列观测信号的方法。与传统方法相比,该方法直接从观测数据出发,无需对目标位置进行假设,适用范围更广;第三,从求解逆问题的角度出发,提出了一种基于 Tikhonov 正则化理论的极化层析 SAR 成像新方法。该方法对非均匀基线分布具有较好的适应能力。从信号估计的角度证明该方法在特定条件下是对目标散射"高度像"的最大后验概率估计;第四,首次提出一种基于分布式压缩感知理论的的多极化联合层析成像方法(MMV-CS),并设计了求解 MMV 层析成像模型的迭代算法。针对压缩感知成像中的信号泄露问题,提出一种基于滑动窗口的迭代抑制算法。利用仿真实验对不同算法性能进行全面检验。结果表明:①在均匀基线条件下,傅里叶分析类成像算法和基于 Tikhonov 正则化方法具有非常相似的成像性能,MMV-CS 成像结果具有明显的稀疏特性,具有更好的成像分辨率和更低的成像旁瓣。在 15dB 信噪比条件下,MMV-CS 方法对于相隔 0.4 倍傅里叶分辨单元的两点目标,分辨概率可达 0.98;②非均匀基线条件下,Tikhonov 方法成像性能优于傅里叶分析。MMV-CS 超分辨能力显著优于 Tikhonov 方法,成像旁瓣低于 Tikhonov 方法。对 MMV-CS 方法,在航过数量一定的条件下,非均匀基线分布相对均匀基线分布优势明显,能够同时实现超分辨和抗模糊能力;③多极化联合处理相对于独立处理优势明显,联合处理条件下各极化通道对散射点位置的估计是一致的,联合处理本身也可提升雷达对目标的分辨能力。

我们构建了 X 波段步进频轨道 SAR 系统,设计并开展了极化层析 SAR 三维高分辨成像实验;提出了轨道层析 SAR 信号处理方案,三维成像步骤包括对不同航过不同极化数据进行二维成像、图像配准、解斜处理、相位定标以及"高度像"反演;分析了平台抖动引起的相位误差对层析成像的影响,提出了一种基于特显点的相位校正方法;在国际上首次给出了针对角反射器和车辆目标的三维高分辨层析成像图,其中 SAR 距离和方位分辨率均为 0.3m,高度分辨率分别为 0.45m 和 0.9m。通过对角反射器及车辆目标的成像实验验证和比较了不同成像算法的性能:①针对四个角反射器的成像实验表明平台相位误差对层析成像具有严重影响。基于特显点的相位误差校正方法能够很好补偿由平台抖动引起的相位误差。相位校正后,四个角反射器能够准确定位于三维空间。高度成像分辨率与理论分析完全一致;②针对车辆目标的成像实验表明。无论是 Tik-honov 正则化方法还是 MMV-CS 方法均能正确重建车辆目标三维结构,正确估计车辆高度。相比 Tikhonov 方法,MMV-CS 方法具有更好的分辨率和更低的成像旁瓣,观测到更多目标细节信息。多极化的作用是明显的,目标的极化散射特性的差异为揭示目标散射机理提供了依据。不同极化通道成像结果具有互补性,可以改善目标的可观测性,在某个极化通道无法观测到的散射点可能在另一个极化通道观测。

# 第 5 章
# 高速运动平台的前视 SAR 成像研究

众所周知,由于多普勒频率的梯度在平台的飞行方向非常小,常规的 SAR 仅对正侧视或前斜视方向具有成像能力,对于飞行路线正前方存在成像盲区。但是在很多应用中,人们往往希望获得运动平台前方目标场景的成像结果。例如,如果能够在恶劣天气情况下利用雷达获得跑道等目标的成像结果,将极大地提高飞机起飞降落的安全性。在"察打一体"无人机和弹道导弹等武器系统中,如果能对平台运动正前方的区域进行成像,将大大提高目标探测、识别、判定的精度,进而提高打击的命中精度和效费比。自 20 世纪 90 年代初期 Witte 提出前视 SAR 的概念以来,前视 SAR 成像逐渐受到了学术界和工业部门的重视,并取得了一些研究成果。其中以德国宇航中心(DLR)研制的视景增强区域成像雷达(Sector Imaging Radar for Enhanced Vision,SIREV)系统最具代表性,目前已经在直升机载平台和 E-SAR 机载平台上完成了飞行试验。前视 SAR 利用沿机翼方向放置的一排天线实现了前向的二维高分辨成像以及单航过的三维高分辨成像,其研究成果不仅能够辅助飞机在恶劣天气情况下安全起飞和着陆,并且在战场侦察监视方面具有干涉 SAR 和层析 SAR 等三维成像模式不可比拟的优势。

第 1 章中,我们着重介绍了 SIREV 前视 SAR 系统,下面将首先介绍当前前视 SAR 成像技术及其系统的分类、成像算法等几方面的基本内容。5.2 节、5.3 节重点针对高速运动平台的前视成像展开研究。

## 5.1  前视 SAR 成像技术

前视 SAR 作为 SAR 的一种新模式,在军事和民用领域都具有广泛的用途。根据不同的分类原则,可以对前视 SAR 进行相应的分类,具体分类结果如图 5.1 所示。下面将详细进行介绍。

### 5.1.1  前视探地雷达

探地雷达(Ground Penetrate Radar,GPR)利用地下不同介质介电常数的差

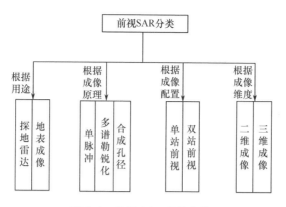

图 5.1　前视 SAR 成像分类

别和回波的幅度、相位等特征来分析、推断介质的结构和物理特征,实现对埋地目标的探测[124]。其在地质勘探、地基、道路和建筑物质量检测和内部损伤评估、考古等领域获得了广泛的应用[125-127]。探地雷达一般可以分为下视和前视两种模式。当被探测区域存在危险爆炸物或被探测区域地形特殊时,下视探地雷达不能有效工作,这时必须使用前视探地雷达[124]。近年来,国内外多个单位研究了前视探地雷达信息处理技术,并研制出前视探地雷达系统。其中,相关的信息处理技术包括快速后向投影( Back　Projection, BP) 算法[124,128],时频分析[129],频率波数域方法[130],合成孔径成像技术[131,132]等。典型系统有美国规划系统有限公司( Planning Systems Inc. ,PSI)的车载前视 GPR[133-135]和斯坦福研究所( Stanford Research Institute,SRI)的前视 GPR 系统[136-138],国内电子科技大学的前视 GPR 系统[139],国防科技大学的轨道探地 SAR( ground penetrating SAR ,GPSAR)系统等[140],车载前视 GPSAR 系统[128,141]等。图 5.2 给出了典型前视GPR 和 GPSAR 系统的图像。

## 5.1.2　双站前视 SAR 成像

利用飞机 – 飞机,飞机 – 导弹,卫星 – 飞机合作的方式工作,可以构建双站前视 SAR 成像系统。并且由于收发分离,双站前视 SAR 成像系统不易被敌方发现,具有较好的抗干扰效果[142]。近年来,国内外许多学者对双站前视 SAR 成像进行了研究,提出了适合于双站前视 SAR 的 Omega-k 算法[143],频谱分析( SPECtral ,ANalysis,SPECAN)[144]算法,扩展变标逆快速傅里叶变换( Scaled Inverse Fast Fourier Transformation ,SIFFT)[145]算法,距离多普勒[146]算法等多种成像算法。2004 年 5 月,德国应用科学研究所(FGAN) 利用 MEMPHIS 实验雷达进行了双站前视 SAR 成像实验,实现了对场景中卡车和金属球的有效成像[142]。其发射信号中心频率为 35GHz,带宽 200MHz,作用距离约为 1500m,成像场景和

(a) SRI的车载前视GPR系统

(b) 电子科技大学的前视GPR系统

(c) PSI的车载前视GPR系统

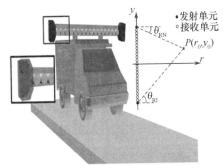

(d) 国防科大车载前视GPSAR系统示意图

图5.2　典型前视探地雷达系统

实验结果如图 5.3 所示。2009 年 11 月,德国利用 TerraSAR-星载 SAR 和 PAMIR 机载 SAR 进行了双站前视 SAR 成像实验,取得了较好的效果[147]。图 5.4 给出了该实验的双站几何关系和成像结果,在图像上部的方位分辨率为 1.2m,下部的方位分辨率为 3m。由于双站前视 SAR 需要两部平台的配合工作,所以要实现有效成像,还需要对双站空间几何关系进行优化[148,149]。

## 5.1.3　单站前视 SAR 成像

对于单站前视 SAR 成像,根据天线的数量,又可以分为单天线前视 SAR 成像和多天线前视 SAR 成像。

### 5.1.3.1　单天线前视 SAR

一方面,有些学者致力于单天线前视 SAR 成像的研究,其主要研究目的是提高单天线前视 SAR 成像的方位分辨率,采取的方法包括解卷积、单脉冲等技术。解卷积技术将方位域输出信号看作天线波束与目标角度信息的卷积,距离

数字阵列合成孔径雷达

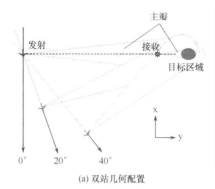

(a) 双站几何配置

(b) 场景布置

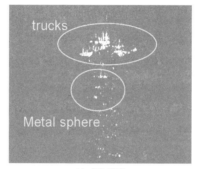

(c) 成像结果

图 5.3 德国应用科学研究所的双站前视 SAR 成像实验(见彩图)

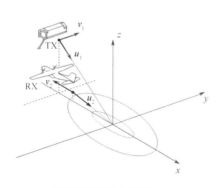

(a) 双站前视SAR成像示意图

(b) 双站前视SAR成像结果

图 5.4 卫星 – 飞机双站前视 SAR 成像实验

域输出为发射信号与目标距离向 RCS 信息的卷积,通过解卷积的方法得到目标的准确位置信息。文献[150]提出了利用卷积和频域因式分解实现解卷积的前视高分辨成像方法。但解卷积技术存在着以下问题:由于天线方向图带宽有限及存在频域零点,直接解卷积技术问题具有奇异性,本身是一个病态问题,所以还需要研究迭代解卷积、多通道解卷积等技术来解决该问题[151,152]。单脉冲成像是将脉冲压缩与单脉冲测角技术相结合的一种成像模式。方位向利用单脉冲测角技术获得散射点的角度信息。文献[153]根据单脉冲技术的测角原理,提出了一种机载雷达的单脉冲前视成像算法,与实波束成像相比,这种算法能够显著提高图像质量。文献[154]提出了一种单脉冲雷达多通道解卷积的前视成像算法,改善了成像质量,然而这种算法在信号处理中需要引入大量的解卷积运算,处理过程比较复杂。同时,由于单脉冲技术并不能从真正意义上实现目标的分辨(即分辨波束中不同的目标),无法用传统意义上的分辨率概念来衡量图像质量,目前还缺乏对单脉冲成像性能进行有效评价的标准[155]。另外,由于关于运动路径对称的目标具有相同的多普勒历史,单天线前视成像还需要解决左右模糊的问题。

### 5.1.3.2　多天线前视 SAR

由于可以解决左右模糊问题并且获得较高的方位分辨率,多天线前视 SAR 成像逐渐受到了研究者的重视。多天线前视 SAR 利用沿机翼方向分布的一排天线构成的实孔径实现方位向的分辨能力。最简单的实现方法就是沿机翼向分布的各部天线轮流发射并接收回波,但这需要每部天线都具有一个 T/R 组件,硬件的复杂程度较高。为了降低设备量,实际中往往采用单部发射,多部接收,且收发分离的配置。在此配置中,既可以选择各部接收天线同时接收,也可以选择各部接收天线轮流接收。其中,各部天线轮流接收的设备量最小[156],其缺点则是方位分辨率降为各天线分别收发时的一半。图 5.5 给出了多天线前视 SAR 的几何示意图。

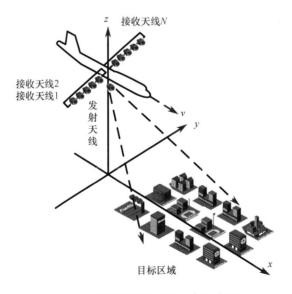

图 5.5　多天线前视 SAR 几何示意图

对于单部天线发射,多部天线轮流接收的前视 SAR 而言(图 5.5),其距离向、方位向(机翼向)、高度向的分辨率分别为

$$\rho_r = \frac{c}{2B} \tag{5.1}$$

$$\rho_a = \frac{\lambda L}{R_0} \tag{5.2}$$

$$\rho_h = \frac{c}{2B\cos\theta} \tag{5.3}$$

式中:$L$ 为天线孔径长度;$R_0$ 为斜距;$\theta$ 为平台的下视角。

就成像算法而言,多天线前视 SAR 的二维成像算法主要是扩展调频变标(Extended Chirp Scaling,ECS)算法[156-158],该算法将"方位 Scaling"和 SPECAN 算法结合起来,实现了多天线机载前视 SAR 的有效成像。但是其缺点是需要对方位时间做较大扩展,运算量较大。文献[159]在借鉴 ScanSAR 常用的方位向数据处理方法的基础上,考虑了 ECS 算法中部分未处理的相位项,提出了一种适用于机载前视 SAR 成像的 CS 算法,提高了运算效率。由于前视 SAR 的方位向分辨率取决于阵列长度,而受到系统有效载荷、成本以及空间等因素的限制,阵列长度通常不能太长,所以需要采用超分辨算法提高方位分辨率[160,161]。

## 5.1.4　前视 SAR 三维成像

三维成像可以获得一个"距离 – 方位"分辨单元内散射体在高程方向上的分布,进而获得更精细的目标结构,在森林遥感[162-164]、城市区域测绘[165]、军事侦察[166]、环境监测[167]领域拥有巨大的应用前景。德国宇航中心的 Reigber 博士首先提出将多天线前视 SAR 用于目标的三维成像,并做了初步的仿真研究[168]。相比层析 SAR 三维成像模式,多天线前视 SAR 能够实现单航过的三维成像,克服了层析 SAR 中各航过间隔不均匀以及部分航过间隔不满足奈奎斯特采样定理的影响。同时由于三维成像周期短,前视 SAR 三维成像更适于构建战场有/无人机"察打一体"系统。

在前视 SAR 三维成像算法研究方面。文献[169]提出了一种基于 BP 的三维成像算法,但是其缺点是计算量较大。文献[170]提出了一种从三维波数空间对目标进行重构的前视 SAR 三维成像算法——距离堆积算法(Range Stacking Algorithm,RSA)算法,但该方法的计算量较大。文献[171]通过运用非线性频率调制的概念补偿了顺轨调频斜率的空间依赖性,提出了一种前视三维成像算法。

## 5.1.5　结论

由于能够提供飞行路线正前方场景的成像,前视 SAR 除了辅助飞机起飞降

落等民用途之外,还能够使战机具备对地正前视高分辨成像侦察能力,有助于构建"察打一体"武器系统。目前,受到了国内外学术界和工业部门的高度重视。本节对前视 SAR 成像的成像算法、成像系统以及其在城市遥感、森林遥感、侦察监视等领域的应用潜力进行了介绍。

## ◤ 5.2　高速运动平台的前视 SAR 信号模型

就前视 SAR 二维成像而言,起初主要采用扩展调频变标(Extended Chirp Scaling,ECS)算法[157],该算法将"方位 Scaling"和 SPECAN 算法结合起来,实现了机载前视 SAR 的有效成像。但是其缺点是需要对方位时间做较大扩展,运算量较大。文献[159]在借鉴 ScanSAR 常用的方位向数据处理方法的基础上,考虑了 ECS 算法中部分未处理的相位项,提出了一种适用于机载前视 SAR 成像的 CS 算法,提高了运算效率。然而这些算法都假定载机的前向运动速度很小以致于可以忽略不计,从而阵列天线的交替接收可以近似模拟合成孔径原理,进而使用常规 SAR 的二维成像算法进行处理。这种假设对于民用领域可以满足,但是对于军事应用领域,如当前的有/无人机载"察打一体"系统,其平台运动速度可以达到声速量级,这就不满足常规前视 SAR 成像算法的应用条件。在此背景下,为了提高我战场态势掌控能力,构建有/无人机载"察打一体"系统,研究高速前视 SAR 的成像算法很有必要。

图 5.6 给出了前视 SAR 的成像区域示意图,从中可以看出前视 SAR 与侧视及前斜视 SAR 成像区域的区别。飞机在距地面高度为 $h$ 的空中沿 $x$ 轴方向(地距向)以速度 $v$ 飞行,沿机翼方向为 $y$ 轴方向(方位向),和 $xoy$ 平面垂直的方向为 $z$ 轴方向。各部接收天线沿 $y$ 轴方向等间隔分布,发射天线则置于接收阵列

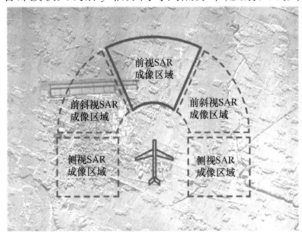

图 5.6　前视 SAR 成像区域示意图

中心下方 $Z_{\text{offset}}$ 处。飞机在飞行过程中,发射天线以 PRF 为频率发射大时宽带宽积信号,多部接收天线以 PRF 为频率进行切换,依次接收回波,从而等效形成了方位向的大孔径。假设天线阵列长度为 $L$,接收天线阵元间隔为 $d$,天线的 $x$ 轴初始坐标为 0,成像区域内某点目标 $p$ 的坐标为 $(x_0, y_0, 0)$。从而发射天线坐标为 $(vt, 0, h - Z_{\text{offset}})$,第 $i$ 部接收天线的坐标为 $(vt, y_i, h)$,雷达到点目标 $p$ 的发射波程 $R_{\text{TX}}(t)$ 和接收波程 $R_{\text{RX}}(t)$ 分别为

$$R_{\text{TX}}(t) = \sqrt{(x_0 - vt)^2 + y_0^2 + (h - Z_{\text{offset}})^2} \tag{5.4}$$

$$R_{\text{RX}}(t) = \sqrt{(x_0 - vt)^2 + (y_0 - y_i)^2 + h^2} \tag{5.5}$$

其中,$y_i = -L/2 + v_a/\text{PRF} * i$ 为第 $i$ 部接收天线的方位向位置,$v_a = d \cdot \text{PRF}$ 为等效的方位向运动速度,$Z_{\text{offset}}$ 为发射天线和接收天线的高程差。

假设发射信号为 $w_r(\tau) \exp(j2\pi f_0 \tau + j\pi K \tau^2)$,从而经过相干解调之后的目标回波信号为

$$s_0(\tau, t) = A_0 w_r\left(\tau - \frac{R(t)}{c}\right) w_a(t - t_c) \exp\left(j\pi K\left(\tau - \frac{R(t)}{c}\right)^2\right) \exp\left(-j2\pi \frac{R(t)}{\lambda}\right)$$

$$\tag{5.6}$$

其中,$R(t) = R_{\text{TX}}(t) + R_{\text{RX}}(t)$ 是雷达和目标之间的瞬时距离,$w_a(\cdot)$ 是回波的方位向包络,$t_c$ 为波束中心穿越目标的时刻,并且定义多普勒频率为 0 时,即 $t = 0$。

## 5.3 基于数字波束锐化技术的高速前视 SAR 成像算法

多普勒波束锐化(Doppler Beam Sharpening, DBS)技术是一种非聚焦合成孔径雷达技术,具有运算负荷较低、实时性好、成像视角范围较宽的优势[172-174]。目前,DBS 技术是机载火控雷达和导引头雷达实现对地面场景二维高分辨力成像的重要技术之一,在战术侦察、地形匹配导航、目标识别等方面有着广泛的应用[175-177]。在 SAR 领域,DBS 算法也得到了广泛的应用。例如,美国著名的 Lynx 雷达在扫描的 GMTI 模式下就运用了 DBS 成像技术[176],文献[176]还提出用聚焦处理算法提高 SAR-GMTI 模式下的 DBS 成像质量的方法。

这里,我们将 DBS 的思想引入高速前视 SAR 的二维成像,提出了一种适合于高速前视 SAR 的 DBS 成像算法。同时,为了解决高速运动带来的成像模糊问题,我们提出了相应的距离徙动校正方案,显著提高了成像质量。

### 5.3.1 算法介绍

令 $S_0(f_\tau, t)$ 为回波 $s_0(\tau, t)$ 的距离向傅里叶变换形式,对回波做距离向匹配

滤波得到

$$s_{rc}(\tau,t) = \mathrm{IFFT}_\tau\{S_0(f_\tau,t)H(f_\tau)\} = Ap_r\left(\tau - \frac{R(t)}{c}\right)\exp\left(-\mathrm{j}2\pi\frac{R(t)}{\lambda}\right) \quad (5.7)$$

其中,$p_r(\cdot)$是距离向压缩后的信号包络,其主瓣宽度由信号带宽决定。

将 $R(t) = R_{\mathrm{TX}}(t) + R_{\mathrm{RX}}(t)$ 做泰勒展开,舍掉二次以上项,得到

$$R(t) \approx R_0 + R'(0)t + \frac{R''(0)}{2}t^2 \quad\quad\quad (5.8)$$

其中

$$R'(0) = -\frac{vx_0 + v_a(y_0 + L/2)}{\sqrt{x_0^2 + (y_0 + L/2)^2 + h^2}} - \frac{vx_0}{\sqrt{x_0^2 + y_0^2 + (h - Z_{\mathrm{offset}})^2}} \quad (5.9)$$

$$R''(0) = \frac{[v_a x_0 - v(y_0 + L/2)]^2 + (v^2 + v_a^2)h^2}{[x_0^2 + (y_0 + L/2)^2 + h^2]^{\frac{3}{2}}} + \frac{v^2[y_0^2 + (h - Z_{\mathrm{offset}})^2]}{[x_0^2 + y_0^2 + (h - Z_{\mathrm{offset}})^2]^{\frac{3}{2}}}$$

$$(5.10)$$

将式(5.8)代入式(5.7),得到

$$s_{rc}(\tau,t) = Ap_r\left(\tau - \frac{1}{c}\left(R_0 + R'(0)t + \frac{R''(0)}{2}t^2\right)\right)$$

$$\exp\left(-\mathrm{j}\frac{2\pi}{\lambda}\left(R_0 + R'(0)t + \frac{R''(0)}{2}t^2\right)\right) \quad\quad (5.11)$$

由于多普勒锐化是一种非聚焦处理方法,即采用快速傅里叶变换完成合成孔径处理,只利用了一次相位项的信息,所以必须满足在相干积累时间内,距离徙动不大于距离分辨单元 $c/2B$,并且二次相位项不超过 $\pi/2$,否则就要进行距离徙动校正和二次相位补偿。

即二次相位项满足

$$\frac{2\pi}{\lambda}\left(\frac{[v_a x_0 - v(y_0 + L/2)]^2 + (v^2 + v_a^2)h^2}{[x_0^2 + (y_0 + L/2)^2 + h^2]^{\frac{3}{2}}} + \frac{v^2[y_0^2 + (h - Z_{\mathrm{offset}})^2]}{[x_0^2 + y_0^2 + (h - Z_{\mathrm{offset}})^2]^{\frac{3}{2}}}\right)\left(\frac{T_{\mathrm{DBS}}}{2}\right)^2 \leqslant \frac{\pi}{2}$$

$$(5.12)$$

距离徙动项满足

$$-\frac{vx_0 + v_a(y_0 + L/2)}{\sqrt{x_0^2 + (y_0 + L/2)^2 + h^2}}T_{\mathrm{DBS}} - \frac{vx_0}{\sqrt{x_0^2 + y_0^2 + (h - Z_{\mathrm{offset}})^2}}T_{\mathrm{DBS}} < \frac{c}{2B} \quad (5.13)$$

在满足上述条件的情况下,对距离压缩后的回波做方位向傅里叶变换就得到了目标在"距离–多普勒"平面上的成像结果。

## 5.3.2　成像坐标映射关系

上述 DBS 成像算法得到的成像结果是在"斜距－多普勒"平面的,为了得到更易理解的成像结果,我们推导了坐标变换关系,通过该变换关系可以将成像结果变换到 $x-y$ 平面,即"地距－方位"平面,其坐标变换关系如下所示。首先,由式(5.7)可以得到方位相位为

$$\Phi(t) = -2\pi \frac{R_{\mathrm{TX}}(t) + R_{\mathrm{RX}}(t)}{\lambda}$$

$$= -\frac{2\pi}{\lambda} \left( \sqrt{(x_0 - vt)^2 + (y_0 + L/2 - v_a t)^2 + h^2} + \sqrt{(x_0 - vt)^2 + y_0^2 + (h - Z_{\mathrm{offset}})^2} \right)$$

$$(5.14)$$

对应的瞬时多普勒频率为

$$f(t) = \frac{1}{2\pi} \frac{\partial \Phi(t)}{\partial t}$$

$$= \frac{2v(x_0 - vt)}{\lambda \sqrt{(x_0 - vt)^2 + (y_0 + L/2 - v_a t)^2 + h^2}} + \frac{v_a(y_0 + L/2 - v_a t)}{\lambda \sqrt{(x_0 - vt)^2 + (y_0 + L/2 - v_a t)^2 + (h - Z_{\mathrm{offset}})^2}}$$

$$(5.15)$$

从式(5.15)可以看出,多普勒频率包含两部分,分别由飞机的前向运动和接收天线的等效方位向运动即接收天线依次轮流接收产生。令 $x(t) = x_0 - vt$,$y(t) = y_0 + L/2 - v_a t$,$R(t) = \sqrt{(x_0 - vt)^2 + (y_0 + L/2 - v_a t)^2 + h^2}$,$f_{\mathrm{d}}(t) = \lambda R f(t)$,并且考虑到 $Z_{\mathrm{offset}} \ll h$,则式(5.15)两边平方并整理得到

$$(4v^2 + v_a^2) x^2(t) - 4v f_{\mathrm{d}}(t) x(t) + f_{\mathrm{d}}^2(t) - v_a^2(R^2(t) - h^2) = 0 \quad (5.16)$$

式(5.16)的解为

$$x(t) = \frac{2v f_{\mathrm{d}}(t) \pm \sqrt{4v^2 v_a^2(R^2(t) - h^2) + v_a^4(R^2(t) - h^2) - v_a^2 f_{\mathrm{d}}^2(t)}}{4v^2 + v_a^2} \quad (5.17)$$

根据图 5.5 的坐标系设定可知目标位于 $x > 0$ 的区域,而 $f_{\mathrm{d}}(t)$ 和多普勒频率 $f(t)$ 成正比,可能为负值,所以应该选择

$$x(t) = \frac{2v f_{\mathrm{d}}(t) + \sqrt{4v^2 v_a^2(R^2(t) - h^2) + v_a^4(R^2(t) - h^2) - v_a^2 f_{\mathrm{d}}^2(t)}}{4v^2 + v_a^2} \quad (5.18)$$

对应得到

$$y(t) = \frac{v_a^2 f_{\mathrm{d}}(t) - 2v \sqrt{4v^2 v_a^2(R^2(t) - h^2) + v_a^4(R^2(t) - h^2) - v_a^2 f_{\mathrm{d}}^2(t)}}{v_a(4v^2 + v_a^2)}$$

$$(5.19)$$

进而解得目标在 $x$ – $y$ 平面上的坐标为

$$x_0 = x(t) + vt \qquad\qquad (5.20)$$

$$y_0 = y(t) + v_a t - L/2 \qquad\qquad (5.21)$$

在接下来的成像仿真中,我们将得到的是目标在 $x$ – $y$ 平面上的成像结果。

### 5.3.3　仿真结果及分析

为了验证所提出算法的有效性,我们对 9 点目标阵列进行了成像仿真,具体的仿真参数见表 5.1。其中点目标阵排列成图 5.7 所示的一个梯形,两维坐标分别对应着图 5.5 所示的 $x$ 轴和 $y$ 轴,即地距向和方位向坐标。点目标阵列的原始回波实部如图 5.8 所示。

表 5.1　仿真参数

| 信号波长 | 0.0315m |
|---|---|
| 信号带宽 | 60MHz |
| 信号脉宽 | 1μs |
| 阵列天线长度 | 2.85m |
| 接收单元个数 | 56 |
| 脉冲重复频率 | 4931Hz |
| 载机飞行速度 | 300m/s |
| 波束下视角 | 40° |
| 方位向波束宽度 | 7° |
| 距离向波束宽度 | 7° |

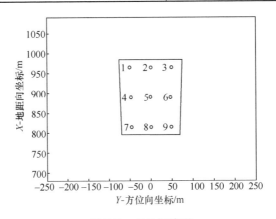

图 5.7　点目标阵列

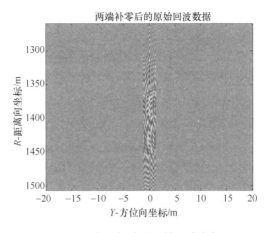

图 5.8　点目标阵列原始回波实部

图 5.9 给出了波束照射区域内各点的距离徙动和二次相位,从中可以看出,场景内所有点的二次相位项均小于 $\pi/2$,所以可以忽略二次相位的影响。然而由于相干处理时间较长,场景内的目标的距离徙动均大于距离分辨单元 $c/2B = 2.5\mathrm{m}$,于是需要对距离徙动进行矫正,从式(5.11)来看,距离压缩后回波包络的峰值轨迹可以近似看成是以 $R'(0)$ 为斜率的直线,从而距离徙动校正项为

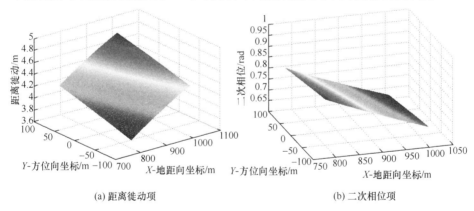

(a) 距离徙动项　　　　　　　　　　　　　(b) 二次相位项

图 5.9　场景中各点的距离徙动和二次相位项(见彩图)

图 5.10 给出了距离徙动校正前后的点目标阵列成像结果,从中可以看出,距离徙动校正前,点目标阵列的成像会出现一些散焦和变形,但是经过距离徙动校正后点目标阵列的成像结果得到了明显改善,这时点目标阵列清晰地构成了一个梯形,成像结果清晰且位置准确,从而证明了我们提出成像算法的有效性。同时,可以发现成像后场景右侧的目标相比场景左侧目标方位向有一定的展宽,这是由于右侧目标的多普勒带宽较窄造成的。这也是前视 DBS 成像原理所导致的。

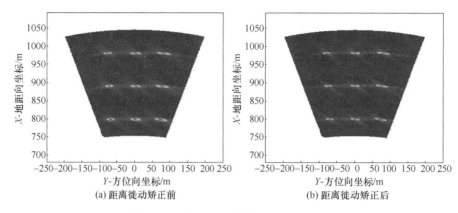

(a) 距离徙动矫正前　　　　　　　(b) 距离徙动矫正后

图 5.10　点目标阵列成像结果(见彩图)

### 5.3.4　结论

　　本节分析了高速前视 SAR 的空间几何模型和回波信号模型,提出了一种适合于高速前视 SAR 的 DBS 成像算法,并给出了相应的距离徙动校正方案,改善了成像 DBS 算法的成像质量。仿真结果表明,该方法很好地解决了高速前视 SAR 的成像问题。

## ▣ 5.4　高速运动平台的前视 RD 成像算法研究

### 5.4.1　算法介绍

　　根据驻定相位原理,对回波信号 $s_0(\tau,t)$ 做距离向傅里叶变换得到

$$S_0(f_\tau,t) = \mathrm{FFT}_\tau\{s_0(\tau,t)\}$$

$$= W_r(f_\tau)w_a(t-t_c)\exp\left\{-\mathrm{j}\frac{2\pi(f_0+f_\tau)R(t)}{c}\right\}\exp\left\{-\mathrm{j}\frac{\pi f_\tau^2}{K}\right\} \quad (5.22)$$

其中,$W_r(f_\tau) = w_r(f_\tau/K)$ 是距离频谱的包络。

　　在频域对回波进行距离压缩,得到

$$S_1(f_\tau,t) = S_0(f_\tau,t)H_{rc}(f_\tau) = W_r(f_\tau)w_a(t-t_c)\exp\left\{-\mathrm{j}\frac{2\pi(f_0+f_\tau)R(t)}{c}\right\}$$

$$(5.23)$$

其中,距离向匹配滤波函数为 $H_{rc}(f_\tau) = \exp(\mathrm{j}\pi f_\tau^2/K)$。

　　对 $S_1(f_\tau,t)$ 做方位向傅里叶变换,得到二维频域表达式为

$$S_1(f_\tau, f_a) = \int_{-\infty}^{\infty} S_1(f_\tau, t) \exp(-j2\pi f_a t) \, dt$$

$$= W_r(f_\tau) \int_{-\infty}^{\infty} w_a(t - t_c) \exp\left\{ -j \frac{2\pi(f_0 + f_\tau) R(t)}{c} \right\} \exp(-j2\pi f_a t) \, dt$$

$$(5.24)$$

令 $R_1(t) = R_{TX1}(t) + R_{RX1}(t) = \sqrt{v^2 t^2 + y_0^2 + (h - Z_{offset})^2} + \sqrt{v^2 t^2 + (y_s - v_a t)^2 + h^2}$，其中 $R_{TX1}(t) = \sqrt{v^2 t^2 + y_0^2 + (h - Z_{offset})^2}$，$R_{RX1}(t) = \sqrt{v^2 t^2 + (y_s - v_a t)^2 + h^2}$，$y_s = y_0 + L/2 - v_a x_0/v$，式(5.24)所示的回波信号二维频域可以表达为

$$S_1(f_\tau, f_a) = W_r(f_\tau)$$

$$\int_{-\infty}^{\infty} w_a\left(t + \frac{x_0}{v} - t_c\right) \exp\left\{ -j \frac{2\pi(f_0 + f_\tau) R_1(t)}{c} \right\}$$

$$\exp(-j2\pi f_a t) \, dt \exp\left(-j2\pi f_a \frac{x_0}{v}\right) \qquad (5.25)$$

对 $R_1(t)$ 在 $t = 0$ 处做泰勒展开，得到

$$R_1(t) = R_1(0) + R_1'(0) t + \frac{1}{2} R''_1(0) t^2 \qquad (5.26)$$

其中

$$R_1'(t) = \frac{v^2 t}{\sqrt{v^2 t^2 + y_0^2 + (h - Z_{offset})^2}} + \frac{v^2 t - v_a(y_s - v_a t)}{\sqrt{v^2 t^2 + (y_s - v_a t)^2 + h^2}} \qquad (5.27)$$

$$R''_1(t) = \frac{v^2(y_0^2 + (h - Z_{offset})^2)}{[v^2 t^2 + y_0^2 + (h - Z_{offset})^2]^{\frac{3}{2}}} + \frac{v^2 y_s^2 + (v^2 + v_a^2) h^2}{(v^2 t^2 + (y_s - v_a t)^2 + h^2)^{\frac{3}{2}}} \qquad (5.28)$$

将式(5.26)代入式(5.25)，得到傅里叶变换中的相位项为

$$\theta(t) = -\frac{2\pi(f_0 + f_\tau)}{c}(A + Bt + Ct^2) - 2\pi f_a t \qquad (5.29)$$

其中，$A = R_1(0)$，$B = R_1'(0)$，$C = R''_1(0)/2$，令 $\theta(t)$ 对 $t$ 的导数为 0 可得到驻定相位点为

$$t_p = -\frac{B}{2C} - \frac{c f_a}{2C(f_0 + f_\tau)} \qquad (5.30)$$

将式(5.30)代入式(5.29)并整理得到

$$\theta(t_p) = -\frac{2\pi f_0}{c}\left(A - \frac{B^2}{4C}\right) - \frac{2\pi f_\tau}{c}\left(A - \frac{B^2}{4C}\right) + 2\pi \frac{B}{2C} f_a + 2\pi \frac{c f_a^2}{4C(f_0 + f_\tau)}$$

$$(5.31)$$

式(5.31)中,对 $\dfrac{cf_{\mathrm{a}}^2}{4C(f_0+f_\tau)}$ 在 $f_\tau=0$ 做泰勒展开得到

$$\dfrac{cf_{\mathrm{a}}^2}{4C(f_0+f_\tau)}$$

$$= \dfrac{cf_{\mathrm{a}}^2}{4C(f_0+f_\tau)}\bigg|_{f_\tau=0} + \left(\dfrac{cf_{\mathrm{a}}^2}{4C(f_0+f_\tau)}\right)'\bigg|_{f_\tau=0} f_\tau + \dfrac{1}{2}\left(\dfrac{cf_{\mathrm{a}}^2}{4C(f_0+f_\tau)}\right)''\bigg|_{f_\tau=0} f_\tau^2$$

$$= \dfrac{cf_{\mathrm{a}}^2}{4Cf_0} - \dfrac{cf_{\mathrm{a}}^2 f_\tau}{4Cf_0^2} + \dfrac{cf_{\mathrm{a}}^2 f_\tau^2}{4Cf_0^3} \tag{5.32}$$

其中

$$\left(\dfrac{cf_{\mathrm{a}}^2}{4C(f_0+f_\tau)}\right)' = -\dfrac{cf_{\mathrm{a}}^2}{4C(f_0+f_\tau)^2} \tag{5.33}$$

$$\left(\dfrac{cf_{\mathrm{a}}^2}{4C(f_0+f_\tau)}\right)'' = \dfrac{cf_{\mathrm{a}}^2}{2C(f_0+f_\tau)^3} \tag{5.34}$$

将式(5.32)代入式(5.31)得到

$$\theta(t_{\mathrm{p}}) = -\dfrac{2\pi f_0}{c}\left(A-\dfrac{B^2}{4C}\right) - \dfrac{2\pi f_\tau}{c}\left(A-\dfrac{B^2}{4C}\right) + 2\pi\dfrac{B}{2C}f_{\mathrm{a}} +$$

$$2\pi\dfrac{cf_{\mathrm{a}}^2}{4Cf_0} - 2\pi\dfrac{cf_{\mathrm{a}}^2 f_\tau}{4Cf_0^2} + 2\pi\dfrac{cf_{\mathrm{a}}^2 f_\tau^2}{4Cf_0^3} \tag{5.35}$$

从而得到二维频域表达式为

$$S_1(f_\tau,f_{\mathrm{a}}) = W_{\mathrm{r}}(f_\tau) W_{\mathrm{a}}(f_{\mathrm{a}}-f_{\mathrm{ac}}) \exp(\mathrm{j}\theta(t_{\mathrm{p}})) \exp\left(-\mathrm{j}2\pi f_{\mathrm{a}}\dfrac{x_0}{v}\right) \tag{5.36}$$

其中, $W_{\mathrm{a}}(f_{\mathrm{a}}) = w_{\mathrm{a}}\left(-\dfrac{cf_{\mathrm{a}}}{2C(f_0+f_\tau)}\right)$, $f_{\mathrm{ac}} = -\dfrac{2C(f_0+f_\tau)}{c}\left(\dfrac{x_0}{v}-t_{\mathrm{c}}-\dfrac{B}{2C}\right)$。

在二维频域乘以匹配函数 $H(f_\tau,f_{\mathrm{a}})$,并做距离向逆傅里叶变换得到

$$S_2(\tau,f_{\mathrm{a}}) = \mathrm{IFFT}_\tau\{S_1(f_\tau,f_{\mathrm{a}})H^*(f_\tau,f_{\mathrm{a}})\} = p_{\mathrm{r}}\left(\tau-\left(A-\dfrac{B^2}{4C}\right)\right)W_{\mathrm{a}}(f_{\mathrm{a}}-f_{\mathrm{ac}})$$

$$\tag{5.37}$$

其中,

$$H(f_\tau,f_{\mathrm{a}}) = \exp\left(-\mathrm{j}\dfrac{2\pi f_0}{c}\left(A-\dfrac{B^2}{4C}\right)\right)\exp\left(\mathrm{j}2\pi\dfrac{B}{2C}f_{\mathrm{a}}\right)\exp\left(\mathrm{j}2\pi\dfrac{cf_{\mathrm{a}}^2}{4Cf_0}\right)$$

$$\exp\left(-\mathrm{j}2\pi\dfrac{cf_{\mathrm{a}}^2 f_\tau}{4Cf_0^2}\right)\exp\left(2\pi\dfrac{cf_{\mathrm{a}}^2 f_\tau^2}{4Cf_0^3}\right) \tag{5.38}$$

其中，$\exp\left(-\mathrm{j}\dfrac{2\pi f_0}{c}\left(A-\dfrac{B^2}{4C}\right)\right)$ 为常数相位项，$\exp\left(\mathrm{j}2\pi\dfrac{B}{2C}f_\mathrm{a}\right)$ 为方位向线性相位项，$\exp\left(\mathrm{j}2\pi\dfrac{cf_\mathrm{a}^2}{4Cf_0}\right)$ 为方位向匹配滤波项，$\exp\left(-\mathrm{j}2\pi\dfrac{cf_\mathrm{a}^2 f_\tau}{4Cf_0^2}\right)$ 为距离徙动项，$\exp\left(2\pi\dfrac{cf_\mathrm{a}^2 f_\tau^2}{4Cf_0^3}\right)$ 为二次距离压缩项。

再做方位向逆傅里叶变换可以得到二维压缩结果为

$$S_3(\tau,t)=\mathrm{IFFT}_t\{S_2(\tau,f_\mathrm{a})\}=p_\mathrm{r}\left(\tau-\left(A-\dfrac{B^2}{4C}\right)\right)p_\mathrm{a}(t)\exp(\mathrm{j}2\pi f_\mathrm{ac}t) \quad (5.39)$$

## 5.4.2　仿真结果及分析

为了验证所提出算法的有效性，这里对 9 点目标阵列进行了成像仿真，具体的仿真参数见表 5.2。其中点目标阵排列成图 5.11 所示的一个梯形，两维坐标分别对应着图 5.5 所示的 $x$ 轴和 $y$ 轴，即地距向和方位向坐标。

表 5.2　仿真参数

| 信号波长 | 0.0315m |
|---|---|
| 信号带宽 | 60MHz |
| 信号脉宽 | 1μs |
| 阵列天线长度 | 2.85m |
| 接收单元个数 | 56 |
| 脉冲重复频率 | 14793Hz |
| 载机飞行速度 | 500m/s |
| 波束下视角 | 40° |
| 方位向波束宽度 | 6° |
| 距离向波束宽度 | 6° |

根据仿真参数，首先对点目标阵列的回波进行了仿真，其原始回波实部如图 5.12所示。随后用不同算法进行了成像实验，结果如图 5.13 所示。从图 5.13(a)来看，对于高速运动平台，如果使用 Chirp Scaling 算法进行前视 SAR 成像，则会导致点目标成像结果的散焦和成像位置相对真实位置的偏离，因为该算法的有效成像是基于平台前向运动速度可以忽略不计的假设。然而，从图 5.13(b)中利用本文所提出算法的成像结果来看，成像后的点目标阵列清晰地构成了一个梯形，成像结果清晰且位置准确，从而证明了本文所提出成像算法的有效性。为了定量分析成像效果，我们给出了目标成像后的地距和方位向坐标并与真实值进行了对比，结果如表 5.3 所列。从中可以看出，成像后散射点的位置和理论值吻合，成像位置准确。

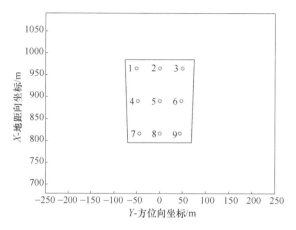

图 5.11　点目标阵列(见彩图)

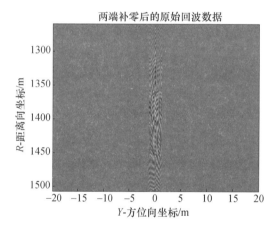

图 5.12　点目标阵列原始回波实部

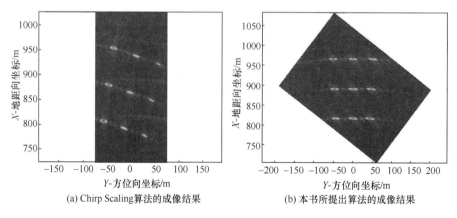

图 5.13　本书所提出算法成像结果(见彩图)

表 5.3　点目标真实位置和成像位置对比($x$ 轴坐标,$y$ 轴坐标)

|  | 真实位置 | 成像位置 |  | 真实位置 | 成像位置 |
|---|---|---|---|---|---|
| 点 1 | $(965, -50.5)$ | $(965.1, -50.4)$ | 点 2 | $(965, 0)$ | $(965, 0)$ |
| 点 3 | $(965, 50.5)$ | $(964.9, -50.5)$ | 点 4 | $(890, -47.5)$ | $(890.1, -47.6)$ |
| 点 5 | $(890, 0)$ | $(890, 0)$ | 点 6 | $(890, 47.5)$ | $(890, 47.4)$ |
| 点 7 | $(816, -44.5)$ | $(816.1, -44.5)$ | 点 8 | $(816, 0)$ | $(816, 0)$ |
| 点 9 | $(816, 44.5)$ | $(816, 44.6)$ | — | — | — |

为了详细分析成像效果,这里给出了位于场景中心的点 5 和位于场景右下角的点 9 的加窗前距离向和方位向的二维压缩曲线,如图 5.14、图 5.15 所示。从中可以看出点目标两维均得到了很好的压缩。

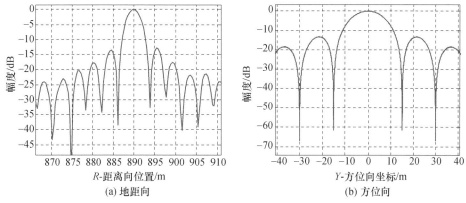

图 5.14　点目标 5 成像效果图

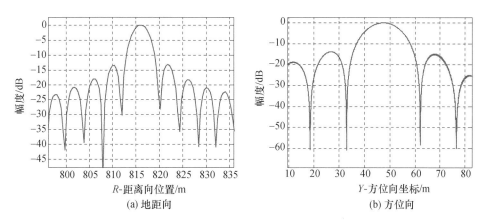

图 5.15　点目标 9 成像效果图

随后,又计算了这两点的峰值旁瓣比 PSLR,积分旁瓣比 ISLR 和分辨率并与理论值进行比较。峰值旁瓣比和积分旁瓣比的定义为

$$\text{PSLR} \overset{\text{def}}{=} \min_{\tau \notin \Omega_i} 20\lg \frac{|R(0)|}{|R(\tau)|} \tag{5.40}$$

$$\text{ISLR} \overset{\text{def}}{=} 10\lg \left\{ \frac{P_{\text{total}} - P_{\text{main}}}{P_{\text{main}}} \right\} \tag{5.41}$$

式中:$R(\tau)$代表压缩后的曲线;$\Omega_i$代表主瓣范围;$P_{\text{main}}$为主瓣功率;$P_{\text{total}}$为总功率。比较结果如表5.4所列。从中可以看出,仿真结果与理论值接近,点目标的成像质量满足指标要求。

表 5.4　点目标成像性能对比

| 点目标 | | 仿真值 | | 理论值 | |
|---|---|---|---|---|---|
| | | 峰值旁瓣比/dB | 积分旁瓣比/dB | 分辨率/m | 分辨率/m |
| 中心点目标 | 距离向 | − 13.6 | − 9.7 | 2.54 | 2.5 |
| | 方位向 | − 13.2 | − 9.6 | 15.4 | 15.3 |
| 右下角点目标 | 距离向 | − 13.5 | − 9.9 | 2.62 | 2.5 |
| | 方位向 | − 13.8 | − 10.1 | 15 | 14.8 |

### 5.4.3　结论

以高速运动平台的前视 SAR 成像为研究对象,根据高速运动平台的空间几何模型和回波信号模型,结合 RD 算法的思想提出了一种适合于高速运动平台的前视 SAR 二维成像算法,推导并给出了算法的实现步骤,进行了仿真实验。最后,利用成像位置的准确度、分辨率、峰值旁瓣比、积分旁瓣比等几个指标对算法性能进行了分析,结果表明所提出的算法具有较好的成像效果。

# 第 6 章

## 总结与展望

## 📱 6.1 工作总结

数字阵列 SAR 采取阵列技术与 SAR 成像技术融合使 SAR 系统能够实现高分辨率宽观测带、三维立体成像、同时多模式/多任务、抗干扰等,因此具有非常诱人的应用前景。本书以数字阵列 SAR 的军事侦察应用为背景,着重针对三种比较新型的成像模式开展了研究。具体工作包括:

(1)在高分宽测 SAR 成像方面。突破传统单发单收星载 SAR 系统性能的瓶颈,研究新的星载 SAR 工作模式和模式,提高星载 SAR 对地观测性能已成为星载 SAR 领域一个非常活跃的研究热点和难点,是一个充满挑战的工作。研究了距离向接收 DBF 技术实现星载 SAR 宽测绘带的原理,并利用零点指向技术,在提高测绘带宽的同时有效减小距离模糊。重点研究了方位向 DBF-SAR 系统实现高分辨率宽测绘带的原理,分析了方位向周期性非均匀采样对成像质量的影响,研究了方位向 DBF-SAR 系统回波信号处理方法,重点研究了基于空域滤波解多普勒模糊的算法。基于中国电科第三十八所实测七通道数据,提出了通道不平衡校准方法,成功得到了无模糊的实测成像结果,验证了方法的正确性。

(2)在极化层析 SAR 三维成像方面。针对极化层析 SAR 非均匀基线形态,提出了一种基于内插变换和正则化模型,将非均匀阵列信号转化为均匀阵列信号的方法。与传统方法相比,该方法直接从观测数据出发,无需对目标位置进行假设,适用范围更广。提出了一种基于 Tikhonov 正则化理论的极化层析 SAR 三维成像新方法,该方法对非均匀基线分布具有很好的适应能力。从信号估计的角度证明了 Tikhonov 正则化方法在特定条件下是对目标散射"高度像"的最大后验概率估计。以奇异值分解为手段,建立了傅里叶分析,TSVD,以及 Tikhonov 正则化方法的一致框架。首次提出了基于分布式压缩感知理论的多极化联合层析成像方法(MMV-CS),设计了求解混合范数正则化模型的快速迭代算法。针对压缩感知成像中的信号泄露问题,提出了一种基于滑动窗口的迭代抑制算法。利用仿真实验对不同极化层析三维成像算法的性能进行了检验和比较。设计并构建了 X 波段步进频轨道 SAR 系统,开展了极化层析 SAR 三维高分辨成像实验。研究了平台抖动引起的相位误差对极化层析三维成像的影响,提出了一种基于特显点的相位校正方法。首次获得了角反射器及车辆目标的全极化三维高分辨层析成像结果,成像结果证实了 MMV-CS 方法在超分辨和抗模糊方面的性能优势。

（3）在前视 SAR 成像方面。针对目前前视 SAR 成像算法都基于平台前向运动速度较低,无法应用于高速运动平台的问题,以单输入多输出的机载前视 SAR 系统为研究对象,分析了高速运动平台前视 SAR 成像的可行性。根据高速运动平台的空间几何模型和回波信号模型,结合距离 – 多普勒算法的思想,提出了两种适合于高速运动平台的前视 SAR 二维成像算法。最后,我们模拟了点目标阵列的前视 SAR 回波数据,并利用所提出的算法进行了成像。成像结果验证了算法的有效性。

## 6.2  工作展望

### 6.2.1  HRWS 成像技术展望

高分宽测星载 SAR 的成像问题是当前星载 SAR 研究的热点问题,目前这一研究领域还存在着很多需要进一步研究的问题。

首先,多输入多输出模式的高分宽测发射波形设计问题很受关注。MIMO-SAR 由于能得到更多的等效相位中心和更长的干涉基线而倍受关注。然而,MIMO-SAR 实现的前提之一是找到自相关和互相关性能都得到满足的发射信号波形。目前有不少学者对 MIMO 雷达发射波形进行了研究,但基本都是基于早期的 MIMO 雷达模式,不适用于成像模式的星载 MIMO-SAR 系统,因此研究适用于星载 MIMO-SAR 的发射波形有待解决,这也是星载 MIMO-SAR 工程化需要解决的关键问题。

其次,星载 HRWS-SAR 动目标检测性能分析。毫无疑问,相比传统的单通道 SAR 系统,使用 HRWS-SAR 系统能提高动目标检测的性能。对动目标检测性能包括最大检测速度、最小检测速度、检测概率、虚警概率等各种参数的分析还有待完善。

值得指出的是,目前专门针对星载数字阵列 SAR 的设计方法还不系统,已有研究大都只着眼于单输入多输出模式的 HRWS 应用,而且大多是仅适用于距离向或者方位向的单输入多输出模式;针对抗干扰应用、同时多任务和同时多模式研究还较少;多维波形编码技术还处于一个刚刚起步的创新研究阶段;在阵列处理方面,现有研究还没有考虑到阵列相干条件,换句话说,并没有实现真正的宽带 DBF 成像处理,也尚未发现将距离向和方位向结合在一起的二维 DBF 处理技术;在 DBF 算法方面,现有的研究基本还处于应用最基本的常规波束形成方法,对于更高级的自适应波束形成算法的讨论还未涉及,等等。

## 6.2.2　层析 SAR 三维成像技术展望

层析 SAR 成像技术发展到今天,一方面极大扩展了目标特征刻画的精细程度,取得了一些研究成果,推动了实际系统的发展进步;另一方面实际应用的需求也对理论和实际系统提出了更高的要求,如何快速、准确、经济地获取目标高程分布信息,是层析 SAR 成像技术不断追求的目标,仍然存在大量的问题需要研究。

1）最小航过次数估计问题

众所周知,无论是机载还是星载层析 SAR,重复航过的代价都是十分昂贵的。而且对于重复航过观测模式,往往需要较长的观测时间才能获得足够的航过次数,尤其对于星载 SAR 而言,重复航过的周期可能是数十天甚至数月之久,在此期间场景的变化往往会影响到图像的配准,进而影响三维成像的质量。如何在不影响成像质量的前提下最小化航过次数,将具有特别重要的意义。文献[118]仅对 MUSIC 超分辨三维成像算法情况下的最小航过次数做了估计。如前所述,压缩感知技术可以利用较少的甚至低于奈奎斯特频率的采样值进行三维重构,从而可以预见,采用压缩感知的三维成像在达到相同成像效果时所需的航过次数更少,但目前尚无定量研究结果,仍需要深入研究。

2）非均匀航过设计问题

在阵列信号处理中,曾有人利用阵列的随机化降低旁瓣[119,120]。对于层析成像,有学者提出,在不满足奈奎斯特采样定理的情况下,非均匀采样比均匀采样具有更低的旁瓣。所以,非均匀航过的设计将有助于进一步降低旁瓣,提高压缩感知的三维成像性能,这也将是下一步研究的热点问题。

3）干扰情况下的三维成像技术

SAR 作为一种先进的成像手段,在军事上提供了全天时、全天候、高精度的侦察结果,特别是层析 SAR,能够对建筑物、车辆等军事目标的特征实现精细描述,因此必然会受到敌方干扰设备的高度关注,如何在对抗条件下实现目标的稳定成像,在军事应用中具有特别的意义。这其中又包含了波形设计、成像算法设计、航线设计等多种问题。

## 6.2.3　前视 SAR 成像技术展望

目前,前视 SAR 成像由于其重要的军事和民用价值,受到了国内外学术界和工业部门的高度重视,就其理论和系统研究方面,还存在着以下研究热点:

（1）极化信息尚未得到利用。目标极化特性的差异为揭示目标散射机理，反演目标结构特征扩大了信息来源。所以，极化信息的利用，将提高前视 SAR 对杂波环境、有源干扰等恶劣工作条件的适应能力，并提高目标成像、检测、识别的性能。

（2）方位分辨率有待于进一步提高。以 SIREV 系统为例，方位分辨率与阵列长度有关，而受到系统有效载荷、成本以及空间等因素的限制，阵列长度不能太长，如何在有效载荷的限制下进一步提高前视 SAR 的方位分辨率还有待于进一步研究。

（3）实际成像系统中还存在需要解决的问题。在实际成像实验中，由于受到平台振动和阵列自身的振动和形变的影响，天线的相位中心会发生变化，从而会对最终的成像结果产生影响。所以，载机平台以及阵列本身的抖动问题对成像的影响还亟待解决。

由于知识和能力有限，书中难免出现错误和不足之处，敬请批评指正。

# 参考文献

[1] 代大海. 极化雷达成像及目标特征提取研究[D]. 长沙:国防科学技术大学研究生院,2008.

[2] Mehrdad S. Synthetic aperture radar signal processing with MATLAB algorithms[M]. New Jersey:Jone Wiley & Sons,INC,1999.

[3] Donald R. Wehner. High resolution radar[M]. Boston:Artech House,1995.

[4] 张澄波. 综合孔径雷达原理、系统分析与应用[M]. 北京:科学出版社,1989.

[5] 保铮,邢孟道,王彤. 雷达成像技术[M]. 北京:电子工业出版社,2005.

[6] 王正明,朱矩波,等. SAR 图像提高分辨率技术[M]. 北京:科学出版社,2006.

[7] Zebker H A,van Zyl J J. Imaging radar polarimetry:a review[J]. Proc. of IEEE,1991,79 (11):1583 – 1606.

[8] Gerhard K,Nicolas G,Alberto M. Multidimensional Waveform Encoding:A New Digital Beamforming Technique for Synthetic Aperture Radar Remote Sensing[J]. IEEE transactions on geoscience and remote sensing,2008,46(1):31 – 46.

[9] Marwan Y,Christian F,Werner W. Digital Beamforming in SAR Systems[J]. IEEE transactions on geoscience and remote sensing,2003,41(71):1735 – 1739.

[10] 吴曼青,葛家龙. 数字阵列合成孔径雷达[J]. 雷达科学与技术,2009,7(1):1 – 9.

[11] 吴曼青. 数字阵列雷达及其进展[J]. 中国电子科学研究院学报,2006,1(1):11 – 16.

[12] 葛家龙. 合成孔径雷达的未来[J]. 雷达与探测技术动态,2009(6):124 – 129.

[13] 李世强. 高分辨率宽测绘带合成孔径雷达系统研究[D]. 北京:中国科学院电子学研究所,2004.

[14] 宋岳鹏. 多收发孔径合成孔径雷达系统技术研究[D]. 北京:中国科学院电子学研究所,2008.

[15] 齐维孔. 基于数字波束形成和多输入多输出的星载合成孔径雷达系统及其信号处理研究[D]. 北京:中国科学院电子学研究所,2010.

[16] Jian L,Petre S. MIMO Radar Signal Processing[M]. New Jersey:John Wiley & Sons, Inc. ,2009.

[17] 赖涛. 星载多通道 SAR 高分辨宽测绘带成像方法研究[D]. 长沙:国防科学技术大学研究生院,2010.

[18] 王怀军. MIMO 雷达成像算法研究[D]. 长沙:国防科学技术大学研究生院,2010.

[19] 邹博. 多输入多输出雷达 GMTI 研究[D]. 长沙:国防科学技术大学研究生院,2011.

[20] Fischman M A,Le C,Rosen P A. A digital beamfoming processor for the joint DoD/NASA

space based radar mission[C]. Proceedings of the 2004 IEEE Radar Conference,Philadelphia,PA,USA,2004: 9 – 14.

[21] Fischman M A,Le C. Digital beamforming developments for the joint NASA air force space based radar[C]. IGARSS,Anchorage,Alaska,2004:687 – 690.

[22] Kim J H,Ossowska A,Wiesbeck W. Experimental investigation of digital beamforming SAR performance using a ground – based demonstrator[C]. IGARSS, Barcelona, Spain, 2007: 111 – 114.

[23] Kim J,Ossowska,Wiesbeck W. Ground based measurement system for the evaluation of a SAR with digital beamforming[C]. EUSAR,Dresden,Germany,2006.

[24] Kim J H,Ossowska A,Wiesbeck W. Laboratory experiments for the evaluation of digital beamforming SAR features[C]. 2007 International Waveform Diversity and Design Conference,Pisa,Italy,2007: 292 – 296.

[25] Bordoni F,Younis M,Makhoul V E,et al. Performance investigation on scan – on – receive and adaptive beamforming for high – resolution wide – swath synthetic aperture radar[C]. Proceedings International ITG Workshop on Smart Antenna,Berlin,2009: 114 – 119.

[26] Klare J. Digital beamforming for a 3D MIMO SAR-improvements through frequency and waveform diversity[C]. IGARSS,Boston,MA,2008(5):17 – 20.

[27] Klare J,Brenner A,Ender J. A new airborne radar for 3D imaging: imaging formation using the ARTINO principle[C]. EUSAR,Dresden,Germany,2006.

[28] Klare J,Cerutti D,Brenner A,et al. Imaging quality analysis of the vibrating space MIMO antenna array of the airborne 3D imaging radar ARTINO[C]. IGARSS,Barcelona,Spain,2007: 5310 – 5314.

[29] Li Z F,Bao Z,Wang H Y,et al. Performance improvement for constellation SAR using signal processing techniques[J]. IEEE Transactions on Aerospace Electronic System,2006,42(2): 436 – 452.

[30] Li Z F,Bao Z. A Novel Approach for wide – swath and high – resolution SAR image generation from distributed small spaceborne SAR systems[J]. International Journal of Remote Sensing,2006,27(3):1015 – 1033.

[31] 邢孟道,李真芳,保铮,等. 分布式小卫星雷达空时频成像方法研究[J]. 宇航学报, 2005,26(1):70 – 76.

[32] 土小青,郭琨毅,盛新庆. 基于距离向多孔径接收的宽测绘带 SAR 成像方法的研究 [J]. 电子与信息学报,2004,26(5): 739 – 745.

[33] Wang W Q,Peng Q C,Cai J Y. Digital beamforming for near – space wide – swath SAR imaging[C]. 2008 8th International Symposium on Antennas,Propagation and EM Theory,Kunming,China,2008: 1270 – 1273.

[34] Fishler E,Haimovich A,Blum R S,et al. MIMO radar: An idea whose time has come[C]. Proceedings of the IEEE Radar Conference,Philadelphia,USA,2004: 71 – 78.

[35] 戴喜增. MIMO 雷达分集检测和宽带合成的理论与方法研究[D]. 北京: 清华大学电

子系,2008.

［36］Ender J H G. MIMO-SAR［J］. The Technique University Hamburg – harburg,International Radar Symposium,Cologne,Germany,2007(9)：580 – 588.

［37］Callaghan G D,Longstaff I D. Wide – swath spaceborne SAR and range ambiguity［C］. Proceedings of Radar 97,Edinburgh,UK,1997：248 – 252.

［38］Kim J H,Ossowska A,Wiesbeck W. Investigation of MIMO SAR for interferometry［C］. EU-RAD,Munich,Germany,2007：51 – 54.

［39］Li J,Zheng Y,Stoica P. MIMO SAR Imaging：Signal synthesis and receiver design［C］. EU-RAD,Munich,Germany,2007：89 – 92.

［40］Ossowska A,Kim J H,Wiesbeck W. Modeling of nonidealities in receiver front – end for a simulation of multistatic SAR system［C］. EUSAR,Barcelona,Spain,2007：13 – 16.

［41］夏玉立. 分布式小卫星合成孔径雷达成像技术研究［D］. 北京：中国科学院电子学研究所,2008.

［42］井伟. 星载 SAR 宽场景高分辨成像技术研究［D］. 西安：西安电子科技大学,2008.

［43］Wang W Q. Applications of MIMO technique for aerospace remote sensing［C］. Proceedings of IEEE Aerospace Conference,Big Sky,USA,2007：1 – 10.

［44］Wang W Q,Cai J Y. Multiple – Input and Multiple – Output SAR diversified waveform design［C］. IEEE Aerospace Conference,Big Sky,USA,2009：1051 – 1053.

［45］武其松,井伟,刑孟道,等. 多维波形编码信号大测绘带成像［J］. 西安电子科技大学学报(自然科学版),2009,36(5)：801 – 806.

［46］王力宝,许稼,皇甫堪,等. MIMO-SAR 等效相位中心误差分析与补偿［J］. 电子学报,2009,37(12)：2688 – 2693.

［47］刘楠,张林让,张娟,等. 多频 – 多基线 MIMO InSAR 及其性能分析［J］. 系统工程与电子技术,2009,31(9)：2090 – 2095.

［48］庞蕾,张继贤,范洪冬. 多基线干涉 SAR 测量技术发展与趋势分析［J］. 电子学报,2010,38(9)：2152 – 2157.

［49］Frey O,Meier E. Analyzing tomographic SAR data of a forest with respect to frequency,polarization,and focusing technique［J］. IEEE Trans. on Geoscience and Remote Sensing,2011,49(10)：3648 – 3659.

［50］Frey O,Morsdorf F,Meier E. Tomographic processing of multi – baseline p – band SAR data for imaging of a forested area［C］// Proc. of International Geoscience and Remote Sensing Symposium,2007：156 – 159.

［51］Tebaldini S,Rocca F,Guarnieri A M. Model based SAR tomography of forested areas［C］// Proc. of International Geoscience and Remote Sensing Symposium,2008：593 – 596.

［52］Reale D,Pauciullo A,Fornaro G,et al. A scatterers detection scheme in SAR tomography for reconstruction and monitoring of individual buildings［C］// Proc. of Joint Urban Remote Sensing Event,2011：249 – 252.

［53］Sauer S,Ferro – Famil L,Reigber A,et al. Three – dimensional imaging and scattering mechanism estimation over urban scenes using dual – baseline polarimetric InSAR observations at L – band[J]. IEEE Trans. on Geoscience and Remote Sensing,2011,49(11):4616 – 4629.

[54] Sun X L. Yu A ,Dong Z,et al. Three – dimensional SAR focusing via compressive sensing: the case study of angel stadium[J]. IEEE Geoscience and Remote Sensing Letters,2012,9 (4):759 – 763.

[55] Nannini M,Scheiber R,Moreira A. First 3 – D reconstructions of targets hidden beneath foliage by means of polarimetric SAR tomography[J]. IEEE Geoscience and Remote Sensing Letters,2012,9(1): 60 – 64.

[56] Wu X,Jezek K C,Rodriguez E,et al. Ice sheet bed mapping with airborne SAR tomography [J]. IEEE Trans. on Geoscience and Remote Sensing,2011,49(10): 3791 – 3802.

[57] Rogers A E E,Ingalls R P. Venus: mapping the surface reflectivity by radar interferometry [J]. Science,1969,165:797 – 799.

[58] Zisk S H. A new Earth – based radar technique for the measurement of lunar topography[J]. Moon,1973,4:296 – 300.

[59] Graham L C. Synthetic interferometric radar for topographic mapping[J]. Proc. of IEEE, 1974,62:763 – 768.

[60] Reigber A,Ulbricht A. P – band repeat – pass interferometry with the DLR[C]//Proc. of International Geoscience and Remote Sensing Symposium,1998: 1914 – 1916.

[61] Lachaise M,Eineder M,Fritz T. Multi baseline SAR acquisition concepts and phase unwrapping algorithms for the Tandem – mission[C]// Proc. of International Geoscience and Remote Sensing Symposium,2007: 5272 – 5276.

[62] Candela L, Caltagirone F. COSMO-SkyMed: mission definition and main application and products[C]// Proc. of POLInSAR 2003 Workshop,2003: p35. 1.

[63] Cloude S R,Papathanassiou K P. Polarimetric optimization in radar interferometry[J]. Electronic Letters,1997,33(13):1176 – 1178.

[64] Papathanassiou K P,Cloude S R. Phase decomposition in polarimetric SAR interferometry [C]// Proc. of International Geoscience and Remote Sensing Symposium, 1998:2184 – 2186.

[65] Papathanassiou K P,Cloude S R. Single baseline polarimetric SAR interferometry[J]. IEEE Trans. on Geoscience and Remote Sensing,2001,39(11): 2352 – 2363.

[66] Cloude S R,Papathanassiou K P. Polarimetric SAR interferometry[J]. IEEE Trans. on Geoscience and Remote Sensing,1998,36(5): 1551 – 1565.

[67] Cloude S R. Polarization coherence tomography[J]. Radio Science,2006,41: RS4017.

[68] Treuhaft R N,Siqueira P R. The vertical structure of vegetated land surfaces from interferometric and polarimetric radar[J]. Radio Science,2000,35:141 – 177.

[69] Ishimaru A,Chan T,Kuga Y. An imaging technique using confocal circular synthetic aperture radar[J]. IEEE Trans. on Geoscience and Remote Sensing,1998,36(5): 1524 – 1530.

[70] Ertin E,Moses R L,Potter L C. Interferometric methods for three – dimensional target recon-

struction with multipass circular SAR[J]. IET Radar, Sonar and Navigation, 2010, 4(3): 464 –473.

[71] Austin C D, Ertin E, Moses R L. Sparse signal methods for 3 – D radar imaging[J]. IEEE Journal Selected Topics in Signal Processing, 2011, 5(3): 408 – 423.

[72] Krieger G, Mittermayer J, Wendler M, et al. SIREV – sector imaging radar for enhanced vision [J]. Aerospace Science Technology, 2003, 7(2): 147 – 158.

[73] Mittermayer J, Wendler M. Data processing of an innovative forward looking SAR system for enhanced vision[C]// Proc. of European Conference on Synthetic Aperture Radar, 2000: 733 –736.

[74] Venot Y, Younis M. Compact forward looking mode SAR using digital beamforming on receive only[C]// Proc. of European Conference on Synthetic Aperture Radar, 2000: 795 – 798.

[75] Sutor T, Witte F, Moreira A. A new sector imaging radar for enhanced vision – SIREV[C]// Proc. of SPIE, 1999, 3691: 39 – 47.

[76] Reigber A. Airborne polarimetric SAR tomography[D]. Stuttgart: Stuttgart University, 2001.

[77] Ren X Z, Sun J T, Yang R L. A new three – dimensional imaging algorithm for airborne forward – looking SAR[J]. IEEE Geoscience and Remote Sensing Letters, 2011, 8(1): 153 – 157.

[78] Pasquali P, Prati C, Rocca F, et al. A 3 – D SAR experiment with EMSL Data[C]. Proc. of International Geoscience and Remote Sensing Symposium, 1995: 784 – 786.

[79] Reigber A, Moreira A. First demonstration of airborne SAR tomography using multibaseline L – band data [J]. IEEE Trans. on Geoscience and Remote Sensing, 2000, 38(5): 2142 –2152.

[80] Chen H L, Kasilingam D. Auto – regressive aperture extrapolation for multibaseline SAR tomography[C]. Proc. of International Geoscience and Remote Sensing Symposium, 2006: 3726 – 3728.

[81] Sauer S, Ferro – Famil L, Reigber A, et al. 3D urban remote sensing using dual – baseline POL – InSAR images at L – band[C]. Proc. of International Geoscience and Remote Sensing Symposium, 2008: 145 – 148.

[82] Homer J, Longstaff I D, She Z, et al. High resolution 3 – D imaging via multi – pass SAR[J]. IEE Proc. – Radar Sonar Navigation, 2002, 149(1): 45 – 50.

[83] She Z, Gray D, Bogner R E, et al. Three – dimensional spaceborne synthetic aperture radar (SAR) imaging with multipass processing[J]. International Journal of Remote Sensing, 2002, 23(20): 4357 – 4382.

[84] Fornaro G, Serafino F, Lombardini F. Three – dimensional multipass SAR focusing: experiments with long – term spaceborne data[J]. IEEE Trans. on Geoscience and Remote Sensing, 2005, 43(4): 702 – 714.

[85] Fornaro G, Serafino F. Imaging of single and double scatterers in urban areas via SAR tomography[J]. IEEE Trans. on Geoscience and Remote Sensing, 2006, 44(12): 3497 – 3505.

[86] Lombardini F. Differential tomography: a new framework for SAR interferometry[C]. Proc.

of International Geoscience and Remote Sensing Symposium,2003: 1206 – 1208.

[87] Fornaro G,Reale D,Serafino F. Four – dimensional SAR imaging for height estimation and monitoring of single and double scatterers[J]. IEEE Trans. on Geoscience and Remote Sensing,2009,47(12): 224 – 237.

[88] Zhu X,Bamler R. Very high resolution spaceborne SAR tomography in urban environment [J]. IEEE Trans. on Geoscience and Remote Sensing,2010,48(12): 4296 – 4308.

[89] Zhu X,Adam N,Bamler R. First demonstration of spaceborne high resolution SAR tomography in urban environment using TerraSAR- data[C]. Committee on Aperture Observation Satellite SAR Workshop Calibration Validation 8,2009.

[90] Budillon A,Evangelista A,Schirinzi G. Three – dimensional SAR focusing from multipass signals using compressive sampling[J]. IEEE Trans. on Geoscience and Remote Sensing,2011, 49(1): 488 – 499.

[91] Schmidt R O. Multiple emitter location and signal parameter estimation[J]. IEEE Trans. on Antennas and Propagation,1986,34(3): 276 – 280.

[92] Guillaso S,Reigber A. Scatterer Characterisation Using Polarimetric SAR tomography[C]. Proc. of International Geoscience and Remote Sensing Symposium,2005: 2685 – 2688.

[93] Capon J. High – resolution frequency – wavenumber spectrum analysis[J]. Proc. of the IEEE,1969,57(8): 1408 – 1418.

[94] Lombardini F,Cai F,Pardini M. Parametric differential SAR tomography of decorrelating volume scatterers[C]. Proc. of European Radar Conference,2009: 270 – 273.

[95] Lombardini F,Reigber A. Adaptive spectral estimation for multibaseline SAR tomography with airborne L – band data[C]. Proc. of International Geoscience and Remote Sensing Symposium,2003: 2014 – 2016.

[96] 王永良,陈辉,彭应宁,等. 空间谱估计理论与算法[M]. 北京: 清华大学出版社,2004: 185 – 214.

[97] Candes E. Compressive sampling[C]. Proc. of the International Congress of Mathematicians,2006:1433 – 1452.

[98] Candes E,Rombeg J,Tao T. Robust uncertainty priciples: exact signal reconstruction from highly incomplete frequency information[J]. IEEE Trans. on Information Theory,2006,52 (2): 489 – 509.

[99] Donoho D L. Compressed sensing[J]. IEEE Trans. on Information Theory,2006,52(4): 1289 – 1306.

[100] Candes E,Tao T. Near – optimal signal recovery from random projections: universal encoding strategies? [J]. IEEE Trans. on Information Theory,2006,52(12): 5406 – 5425.

[101] Candes E. The restricted isometry property and its implications for compressed sensing[J]. Comptes Rendus Mathematique,2008,346(9/10): 89 – 592.

[102] Candes E,Wakin M B. An introduction to compressive sampling[J]. IEEE Singnal Processing Magazine,2008,25(2): 21 – 30.

[103] 焦李成,杨淑媛,刘芳,等. 压缩感知回顾与展望[J]. 电子学报,2011,39(7):1651 – 1662.

[104] 石光明,刘丹华,高大化,等. 压缩感知理论及其研究进展[J]. 电子学报,2009,37 (5): 1070 – 1081.

[105] Baraniuk R,Steegh P. Compressive radar imaging[C]. Proc. of IEEE Radar Conference, 2007:354 – 358.

[106] Zhu X,Bamler R. Tomographic SAR inversion by L1 – norm regularization—the compressive sensing approach[J]. IEEE Trans. on Geoscience and Remote Sensing,2010,48(10): 3839 – 3846.

[107] Potter L C,Ertin E,Parker J T,et al. Sparsity and compressed sensing in radar imaging[J]. Proc. of the IEEE,2010,98(6): 1006 – 1020.

[108] Tebaldini S. Algebraic synthesis of forest scenarios from multibaseline PolInSAR data[J]. IEEE Trans. on Geoscience and Remote Sensing,2009,47(12): 4132 – 4142.

[109] Cetin M,Kari W C,Castanon D A. Feature enhancement and ATR performance using non-quadratic optimization – based SAR imaging[J]. IEEE Trans. on Aerospace and Electronic Systems,2003,39(4):1375 – 1394.

[110] Mallat S G,Zhang Z F. Matching pursuits with time – frequency dictionaries[J]. IEEE Trans. on Signal Processing,1993,41(12): 3397 – 3415.

[111] Tropp J A,Gilbert A C. Signal recovery from random measurements via orthogonal matching pursuit[J]. IEEE Trans. on Information Theory,2007,53(12): 4655 – 4666.

[112] Austin C D,Moses R L,Ash J N,et al. On the relation between sparse reconstruction and parameter estimation with model order selection [J]. IEEE Journal of Selected Topics in Signal Processing,2010,4(3): 560 – 570.

[113] Elad M. Why simple shrinkage is still relevant for redundant representations[J]. IEEE Trans. on Information Theory,2006,52(12): 5559 – 5569.

[114] Donoho D L,Tsaig Y,Drori I,et al. Sparse solution of underdetermine linear equations by stagewise orthogonal marching pursuit[J]. IEEE Trans. On Information Theory,2012,58 (2): 1094 – 1121

[115] 刘记红,徐少坤,高勋章,等. 压缩感知雷达成像技术综述[J]. 信号处理,2011,27 (2): 251 – 260.

[116] Chen S,Donoho D,Saunders M. Atomic decomposition by basis pursuit[J]. SIAM Journal on Scientific Computing,2001,43(1): 129 – 159.

[117] Khomchuk P,Bilik I,Kasilingam D P. Compressive sensing – based SAR tomography[C]. Proc. of IEEE Radar Comference,2010: 354 – 358.

[118] Nannini M,Scheiber R,Moreira A. Estimation of the minimum number of tracks for SAR tomography[J]. IEEE Trans. on Geoscience and Remote Sensing,2009,47(2):531 – 543.

[119] Lo Y T. A mathematical theory of antenna arrays with randomly spaced elements[J]. IEEE Trans. on Antennas Propagation,1964,12: 257 – 268.

[120] Unz H. Linear arrays with arbitrarily distributed elements[J]. IEEE Trans. on Antennas Propagation,1960,8：222 – 223.

[121] Harrington R F. Sidelobe reduction by nonuniform element spacing[J]. IEEE Trans. on Antennas Propagation,1961,9：187 – 192.

[122] Witte F. Forward looking radar (coherent)[P]. Deutsches Patent：4007613,1990.

[123] Witte F. Forward looking radar (coherent)[P]. US Patent：5182562,1993.

[124] Li J, Stoica P. MIMO radar with colocated antennas [J]. IEEE Signal Processing Magazine. 2007, 24 (5)：106 – 114.

[125] Haimovich A, Blum R S, Cimini L. MIMO radar with widely separated antennas [J]. IEEE Signal Processing Magazine. 2008, 25 (1)：116 – 129.

[126] Skolnik M. Radar Handbook, 3rd ed [M]. New York：Mc – Graw – Hill, 1990.

[127] Mehra R K. Optimal input signals for parameter estimation in dynamic systemssurvey and new results [J]. IEEE Trans. Automat. Control AC. 1974, 19 (6)：753 – 768.

[128] Bliss D W, Forsythe K W. Multiple – Input Multiple – Output (MIMO) Radar and Imaging：Degrees of Freedom and Resolution [C]. In 37th Asilomar Conf. Signals, Systems and Computers. 2003：54 – 59.

[129] Luce A. Experimental results on SIAR digital beamforming radar [C]. In IEEE International Radar Conf. Brighton, U. K. , 1992：158 – 164

[130] 杨明磊. 微波稀布阵 SIAR 相关技术研究[D]. 西安：西安电子科技大学,2009.

[131] 孙斌. 分布式 MIMO 雷达目标定位与功率分配研究[D]. 长沙：国防科学技术大学, 2014.

[132] Roberts W, Li J, Stoica P. MIMO radar angle – range – doppler imaging [C]. In the ICSP Proceedings. Beijing, China, Sep. 2009.

[133] 陈浩文. MIMO 雷达阵列目标参数估计与系统设计研究[D]. 长沙：国防科学技术大学, 2012.

[134] 彭育兴. 基于压缩感知的 MIMO 雷达参数估计研究[D]. 长沙：国防科学技术大学, 2014.

[135] Xia W, He Z S. Multiple – target localization and estimation of MIMO radars using Capon and APES techniques [C]. In the 42nd Asilomar Conf. Signals, Systems and Computers. Pacific Grove, CA, 2008.

[136] 武其松. 双/多通道 SAR 成像技术研究[D]. 西安：西安电子科技大学, 2010.

[137] 周伟. 多输入多输出合成孔径雷达成像及动目标检测技术研究[D]. 长沙：国防科学技术大学, 2013.

[138] 张佳佳. 多输入多输出合成孔径雷达关键技术研究[D]. 西安：西安电子科技大学, 2014.

[139] 陆必应,宋千,王建,等. 步进频率连续波前视探地雷达的研究[J]. 现代雷达,2010, 32(11)：5 – 8.

[140] 李嘉,郭成超,王复明,等. 探地雷达应用概述[J]. 地球物理学进展,2007,22(2)：

629 – 637.

[141] 方广有,左藤源之. 频率步进探地雷达及其在地雷探测中的应用[J]. 电子学报, 2005,33(3):436 – 439.

[142] Langman A. The design of hardware and signal processing for a stepped frequency continuous wave ground penetrating radar[D]. Cape Town: University of Cape Town,2002.

[143] Wang J,Li Y H,Zhou Z M,et al. Image formation techniques for vehicle – mounted forward – looking fround penetrating SAR[C]. Proc. of IEEE International Conference on Information and Automation,2008: 667 – 671.

[144] Sun Y,Li J. Time – frequency analysis for plastic landmine detection via forward – looking ground penetrating radar[J]. IET Radar,Sonar and Navigation,2003,150(4): 253 – 261.

[145] 胡进峰,周正欧. 前视探地雷达合成孔径成像方法的研究[J]. 电子与信息学报, 2006,28(12): 2219 – 2223.

[146] 樊勇,周正欧,徐嘉莉. 前视探地雷达波速估计及合成孔径成像研究[J]. 电子科技大学学报,2009,38(4): 517 – 520,620.

[147] Wang Y W,Li X,Sun Y J,et a1. Adaptive imaging for forward – looking ground penetrating radar[J]. IEEE Trans. on Aerospace and Electronic Systems,2005,41(3): 922 – 936.

[148] Carin L,Geng N,Mcclure M,et al. Ultra – wide – band synthetic aperture radar for mine – field detection[J]. IEEE Antennas and Propagation Magazine,1999,41(1): 18 – 33.

[149] Rosen E M,Rotondo F S,Ayer E. Testing and evaluation of forward – looking GPR countermine systems[C]. Proc. of SPIE,2005,5794:901 – 911.

[150] Gu K,Wang G,Li J. Migration based SAR imaging for ground penetrating radar systems [J]. IET Radar,Sonar and Navigation,2004,151(5): 317 – 325.

[151] Sun Y,Li J. Landmine detection using forward – looking ground penetrating radar[C]. Proc. of SPIE,2005: 1089 – 1097.

[152] Sun Y,Li X,Li J. Practical landmine detector using forward – looking ground penetrating radar[J]. Electronics Letters,2005,41(2): 97 – 98.

[153] Cosgrove R B,Milanfar P,Kositsk J. Trained detection of buried mines in SAR images via the deflection – optimal criterion[J]. IEEE Trans. on Geoscience and Remote Sensing, 2004,42(11): 2569 – 2575.

[154] Zhao T Y,Zhou Z O. Railway substructure lacuna detection using a rorward – looking SAR GPR[C]. Proc. of Ineternational Conference on Radar,2007:1 – 3.

[155] 金添,周智敏,常文革. 基于两层均匀媒质的 GPEN SAR 地下目标成像方法及性能分析[J]. 信号处理,2006,22(2): 238 – 243.

[156] Jin T,Lou J,Zhou Z M. Extraction of landmine features using a forward – looking ground – penetrating radar with MIMO array[J]. IEEE Trans. on Geoscience and Remote Sensing,50 (10),2012: 4135 – 4144.

[157] Balke J. Field test of bistatic forward – looking synthetic aperture radar[C]. IEEE International Radar Conference,2005: 424 – 429.

[158] Hee – Sub S,Jong – Tae L. Omega-k algorithm for airborne forward – looking bistatic spotlight SAR imaging[J]. IEEE Geoscience and Remote Sensing Letters,2009,6:312 – 316.

[159] Li Z L,Yao D,Long T. SPECAN algorithm for forward – looking bistatic SAR[C]. Proc. of 9th International Conference on Signal Processing,2008:2517 – 2520.

[160] Wang H C,Yang J Y,Huang Y L,et al. Extended SIFFT algorithm for bistatic forward – looking SAR[C]. Proc. of 2nd Asian – Pacific Conference on Synthetic Aperture Radar,2009:955 – 959.

[161] Yi Y S,Zhang L R,Li Y,et al. Range doppler algorithm for bistatic missile – borne forward – looking SAR[C]. Proc. of 2nd Asian – Pacific Conference on Synthetic Aperture Radar,2009:960 – 963.

[162] Walterscheid I,Espeter T,Klare J,et al. Potential and limitations of forward – looking bistatic SAR[C]. Proc. of International Geoscience and Remote Sensing Symposium,2010:216 – 219.

[163] Wu J J,Yang J Y,Yang H G,et al. Optimal geometry configuration of bistatic forward – looking SAR[C]. IEEE International Conference on Acoustics,Speech and Signal Processing,2009:1117 – 1120.

[164] Qiu X,Hu D,Ding C. Some reflections on bistatic SAR of forward – looking configuration [J]. IEEE Geoscience and Remote Sensing Letters,2008,5:735 – 739.

[165] Richards M A. Iterative noncoherent angular super – resolution[C]. Proc. of IEEE National Radar Conference,1988:100 – 105.

[166] Berenstein C,Patrick E. Exact deconvolution for multiple convolution operators – an overview,plus performance characterizations for imaging sensors[J]. Proc. of IEEE,1990,78(4):723 – 734.

[167] Iverson D. Beam sharpening via multikernel deconvolution[C]. Proc. of CIE International Conference on Radar,2001:693 – 697.

[168] 吴迪,朱岱寅,朱兆达. 机载雷达单脉冲前视成像算法[J]. 中国图形图像学报,2010,1(3):462 – 468.

[169] 李悦丽,梁甸农,黄晓涛. 一种单脉冲多通道解卷积前视成像方法[J]. 信号处理,2007,23(5):699 – 703.

[170] 吴迪,朱岱寅,田斌,等. 单脉冲成像算法性能分析[J],航空学报,2012,33(10):1905 – 1914.

[171] Krieger G,Mittermayer J,Wendler M,et al. SIREV – sector imaging radar for enhanced vision[J]. Aerospace Science and Technology,2003(7):147 – 158.

[172] Mittermayer J,Wendler M,Krieger G. Data processing of an innovative forward looking SAR system for enhanced vision[C]. Proc. of EUSAR,2000:733 – 736.

[173] Moreira A,Mittermayer J,Scheiber R. Extended chirp scaling algorithm for air – and spaceborne SAR data processing in stripmap and ScanSAR imaging modes[J]. IEEE Transaction on Geoscience and Remote Sensing,1996,34(5):1123 – 1136.

［174］陈琦,杨汝良. 机载前视合成孔径雷达 Chirp Scaling 成像算法研究［J］. 电子与信息学报,2008,30(1):228－232.

［175］王健,宗竹林. 前视 SAR 压缩感知成像算法［J］. 雷达科学与技术,2012,10(1):27－31,36.

［176］徐刚,陈倩倩,侯育星,等. 前视扫描 SAR 超分辨成像［J］. 西安电子科技大学学报(自然科学版),2012,39(5):101－108.

［177］Frey O,Meier E. Analyzing tomographic SAR data of a forest with respect to frequency,polarization,and focusing technique［J］. IEEE Trans. on Geoscience and Remote Sensing, 2011,49(10):3648－3659.

［178］Frey O,Morsdorf F,Meier E. Tomographic processing of multi－baseline P－band SAR data for imaging of a forested area［C］. Proc. of International Geoscience and Remote Sensing Symposium,2007:156－159.

［179］Tebaldini S,Rocca F,Guarnieri A M. Model based SAR tomography of forested areas［C］. Proc. of International Geoscience and Remote Sensing Symposium,2008:593－596.

［180］Reale D,Pauciullo A,Fornaro G,et al. A scatterers detection scheme in SAR tomography for reconstruction and monitoring of individual buildings［C］. Proc. of Joint Urban Remote Sensing Event,2011:249－252.

［181］Nannini M,Scheiber R,Moreira A. First 3－D reconstructions of targets hidden beneath foliage by means of polarimetric SAR tomography［J］. IEEE Geoscience and Remote Sensing Letters,2012,9(1):60－64.

［182］Wu X,Jezek K C,Rodriguez E,et al. Ice sheet bed mapping with airborne SAR tomography ［J］. IEEE Trans. on Geoscience and Remote Sensing,2011,49(10):3791－3802.

［183］Reigber A. Airborne polarimetric SAR tomography［D］. Stuttgart:Stuttgart University,2001.

［184］Ren Z,Tan L L,Yang R L. Research of three－dimensional imaging processing for airborne forward－looking SAR［C］. Proc of IET Radar Conference,2009:1－4.

［185］Tan W X,Hong W,Wang Y P,et al. 3－D range stacking algorithm for forward－looking SAR 3－D imaging［C］. Proc. of International Geoscience and Remote Sensing Symposium, 2008:1212－1215.

［186］Ren X Z,Sun J T,Yang R L. A new three－dimensional imaging algorithm for airborne forward－looking SAR［J］. IEEE Geoscience and Remote Sensing Letters,2011,8(1):153－157.

［187］左磊,李明,张晓伟. DBS 多普勒中心无模糊估计新方法［J］. 西安电子科技大学学报(自然科学版), 2011,38(5):165－171.

［188］赵宏钟,谢华英,周剑雄,等. 匀加速运动平台下的大斜视 DBS 成像算法［J］. 电子学报,2010,38(6):1280－1286.

［189］刘凡,赵凤军,邓云凯,等. 一种基于最小二乘直线拟合的高分辨率 DBS 成像算法［J］. 电子与信息学报,2011,33(4):787－791.

［190］高珊,罗丁利,许飞.一种基于滑窗 FFT 的 DBS 成像新方法［J］.火控雷达技术,2009,
        38(4):34 - 36.

［191］Tsunoda S I,Pace F, Stence J,et al. Lynix：a high - resolution sythetic aperture radar［C］.
        Proceedings of SPIE,Denver,USA,1999：1 - 8.

［192］王宏远,危嵩,孙文. DBS 高分辨率成像及动目标轨迹处理［J］.电波科学学报,2005,
        20(5):637 - 641.

# 主要符号表

| | |
|---|---|
| $\lVert \cdot \rVert$ | 求模值 |
| AASR | 方位向模糊度 |
| $B$ | 带宽 |
| $c$ | 光速 |
| $f$ | 频率 |
| $G$ | 天线增益 |
| $J$ | 代价函数 |
| $k_a$ | 方位向调频斜率 |
| $k_r$ | 距离向调频斜率 |
| $L_S$ | 合成孔径长度 |
| NESZ | 噪声等效后向散射系数 |
| $P_{av}$ | 平均功率 |
| PRF | 脉冲重复频率 |
| $Q$ | 品质因子/测绘带宽与方位分辨率之比 |
| $R$ | 距离 |
| RASR | 距离向模糊度 |
| $s$ | 回波信号 |
| $t$ | 慢时间 |
| $v$ | 速度 |
| $W$ | 测绘带宽度 |
| $\lambda$ | 波长 |
| $\rho_a$ | 方位向分辨率 |
| $\rho_r$ | 距离向分辨率 |
| $\tau$ | 快时间 |
| $\varphi$ | 相位 |

# 缩略语

| BP | Basis Pursuit | 基追踪 |
|---|---|---|
| BPDN | Basis Pursuit De-noising | 降噪基追踪 |
| CRLB | Cramer-Rao Lower Bound | 克拉美罗下界 |
| CS | Compressive Sensing | 压缩感知 |
| DBF | Digital Beamforming | 数字波束形成 |
| DCS | Distributed Compressive Sensing | 分布式压缩感知 |
| DDS | Direct Digital Synthesis | 直接数字合成 |
| DPCA | Displaced Phase Center Antenna | 相位中心偏置天线 |
| ECS | Extended Chirp Scaling | 扩展调频变标 |
| ESPRIT | Estimation of Signal of Parameters via Rotational Invariance Techniques | 旋转不变信号参数估计 |
| GMTI | Ground Moving Target Indication | 地面动目标指示 |
| GPR | Ground Penetrate Radar | 探地雷达 |
| HRWS | High Resolution Wide Swath | 高分辨率宽测绘带 |
| InSAR | Interferometric Synthetic Aperture Radar | 干涉合成孔径雷达 |
| LCMV | Linearly Constrained Minimum Variance | 线性约束最小方差 |
| LOS | Line Of Sight | 视线方向 |
| LP | Linear Programming | 线性规划 |
| MAP | Maximum a Posteriori | 最大后验概率 |
| MIMO | Multi-Input Multi-Output | 多输入多输出 |
| MLE | Maximum Likelyhood Estimation | 最大似然估计 |
| MMV | Multiple Measurement Vectors | 多测量矢量 |
| MP | Matching Pursuit | 匹配追踪 |
| MSE | Mean Squared Error | 均方误差 |
| MUSIC | Multiple Signal Classification | 多重信号分类 |

| NLS | Nonlinear Least Squares | 非线性最小二乘 |
| OMP | Orthogonal Matching Pursuit | 正交匹配追踪 |
| PolSAR | Polarimetric Synthetic Aperture Radar | 极化合成孔径雷达 |
| PRF | Pulse Repetition Frequency | 脉冲重复频率 |
| RIP | Restricted Isometry Property | 有限等距性质 |
| RSA | Range Stacking Algorithm | 距离堆积算法 |
| SAR | Synthetic Aperture Radar | 合成孔径雷达 |
| SIMO | Single-Input Multiple-Output | 单输入多输出 |
| SINR | Signal-to-noise-plus-interference Ratio | 信干噪比 |
| SMV | Single Measurement Vector | 单测量矢量 |
| SNR | Signal-to-Noise Ratio | 信噪比 |
| SOCP | Second Order Conic Programming | 二阶锥规划 |
| SVD | Singular Value Decomposition | 奇异值分解 |
| TSVD | Truncated Singular Value Decomposition | 截断奇异值分解 |

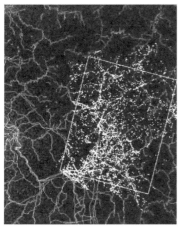

(a) JSTARS 动目标指示

(b) SAR/GMTI 叠加图

图 1.1　JSTARS SAR/GMTI 观测图

(a) F-SAR　　　　　(b) EMISAR　　　　　(c) PISAR

(d) Radarsat-2　　　　(e) Tandem-X　　　　(f) Cosmo-Skymed

图 1.2　当前世界上先进的机载和星载成像雷达系统

图 1.3　阵列天线成为武器平台传感系统的核心

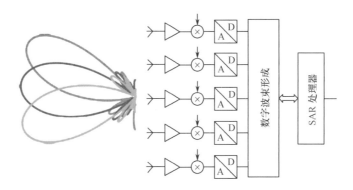

图 1.4　数字阵列 SAR 多通道接收机示意图

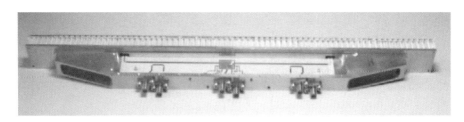

图 1.5　德国 DLR 和欧洲 ESA 研制的数字阵列 SAR 的 RF 和 DBF 单元

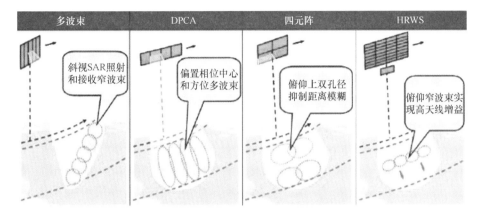

图 1.8　多相位中心多波束技术实现途径

图 1.18　前视成像实验所用的直升机载平台

(a) 澳大利亚 OTHR 发射阵列

(b) 英国 UCL 雷达实验系统

图 2.6　典型分散式 MIMO 雷达系统

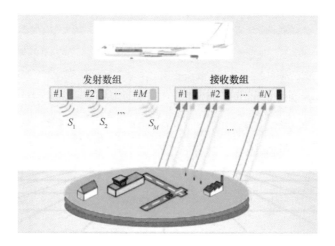

图 2.9　MIMO-SAR 概念示意图

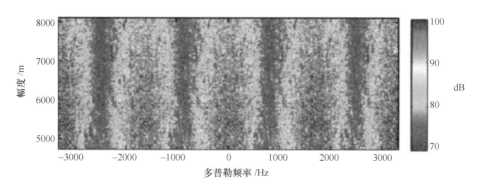

图 2.12　DDMA 波形的回波

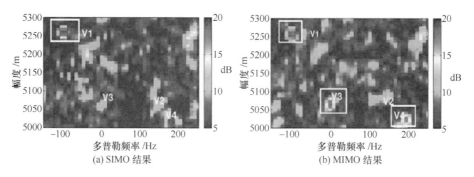

图 2.13　MIT 林肯实验室的机载 MIMO-GMTI 实验检测结果对比

(a) PAMIR 系统

(b) PAMIR 的天线系统

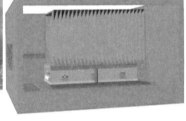

(c) PAMIR 系统天线子阵

图 2.14　机载 PAMIR 多功能 SAR 系统

图 2.16　PAMIR 系统三维成像结果图

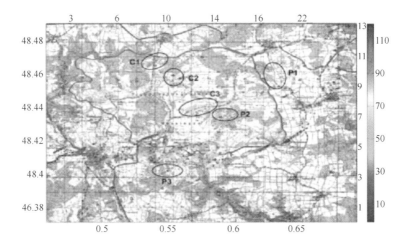

图 2.17　PAMIR 系统扫描 SAR-GMTI 处理结果

图 2.18　ARTINO 下视三维成像原理图

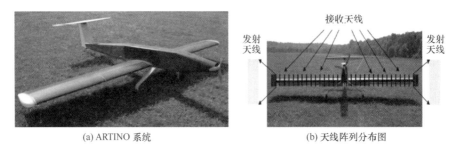

(a) ARTINO 系统　　　　　　　　(b) 天线阵列分布图

图 2.19　ARTINO 系统及其天线阵列分布图

(a) TechSat-21 系统构架示意图

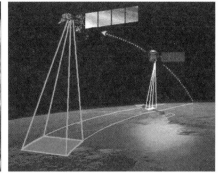
(b) SAR Train 系统构架示意图

图 2.20　系统构架示意图

(a) RADARSAT-2 卫星

(b) RADARSAT-2 天线子阵

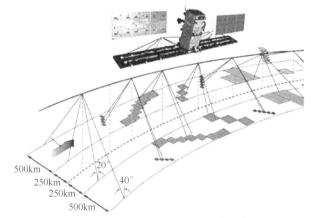
(c) RADARSAT-2 卫星工作模式

图 2.21　加拿大 RADARSAT-2 系统

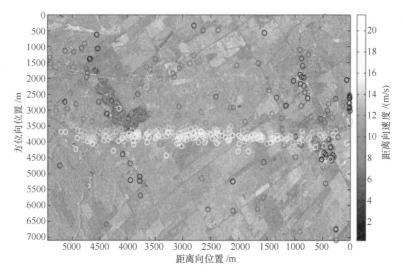

图 2.22　RADARSAT-2 动目标检测和定位结果

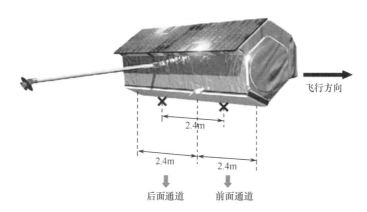

图 2.23　TerraSAR-DRA 模式

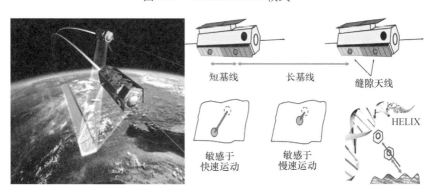

图 2.25　德国 Tandem-卫星编队利用灵活的长、短基线实现 GMTI

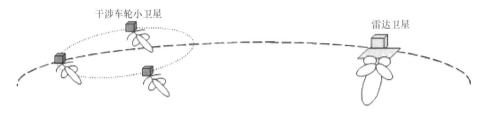

图 2.26　干涉车轮星座示意图

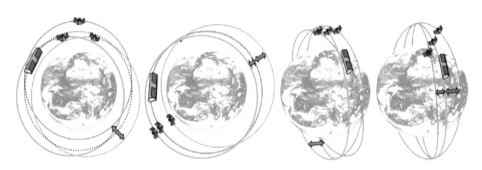

图 2.27　干涉车轮和 TerraSAR-L 配合星座示意图

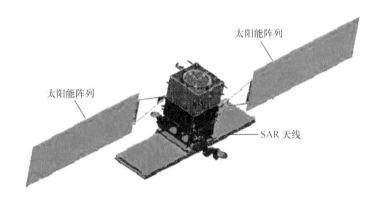

图 2.28　COSMO-SkyMed 卫星

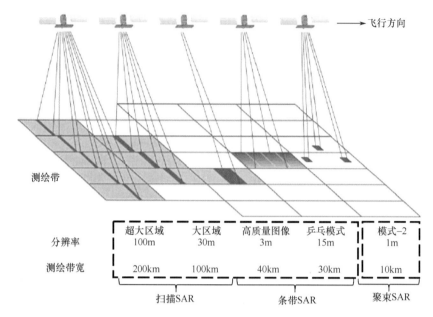

图 2.29　COSMO-SkyMed 卫星成像模式

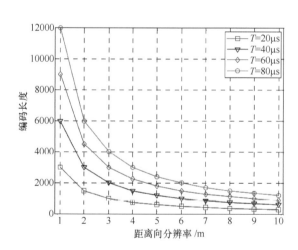

图 2.33　距离分辨率与相位编码长度关系

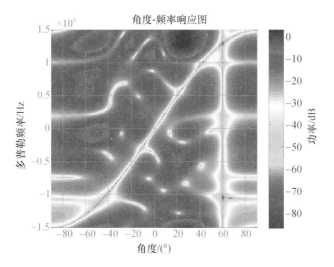

图 2.35 利用空 – 时自适应信号处理实现杂波和干扰的抑制

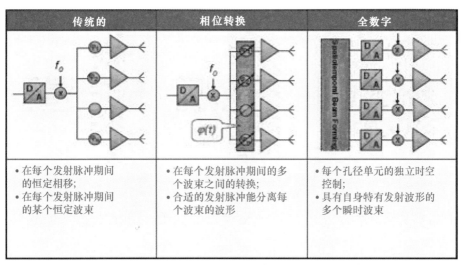

|  |  |  |
| :---: | :---: | :---: |
| **传统的** | **相位转换** | **全数字** |
| • 在每个发射脉冲期间的恒定相移; <br> • 在每个发射脉冲期间的某个恒定波束 | • 在每个发射脉冲期间的多个波束之间的转换; <br> • 合适的发射脉冲能分离每个波束的波形 | • 每个孔径单元的独立时空控制; <br> • 具有自身特有发射波形的多个瞬时波束 |
| (a) RF单个波束形成 | (b) RF波束形成示意图 | (c) 数字波束形成示意图 |

图 3.1　波束形成技术的发展

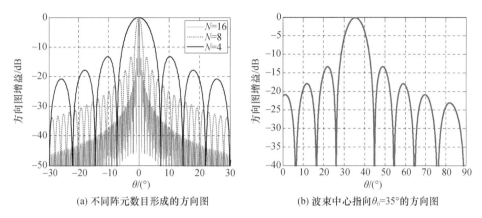

(a) 不同阵元数目形成的方向图　　　　(b) 波束中心指向$\theta_0=35°$的方向图

图 3.3　阵列天线方向图举例

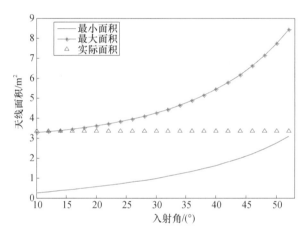

图 3.11　TerraSAR-X 天线面积约束图

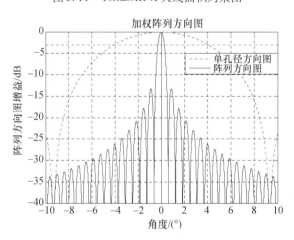

图 3.13　某星载数字阵列 SAR 方案的方向图仿真

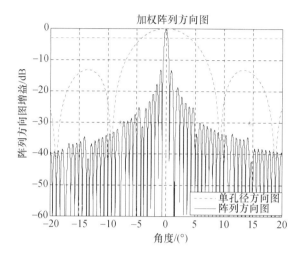

图 3.14 能抑制模糊或对抗干扰星载数字阵列 SAR 的 DBF 仿真图

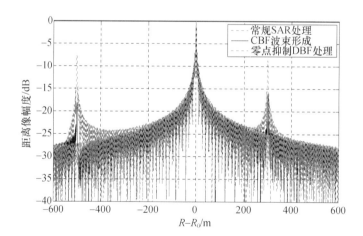

图 3.15 距离向单发多收几种不同处理得到的 SAR 距离向成像结果图
（蓝色为常规星载 SAR；黑色为常规波束形成处理；红色为自适应零点指向处理）

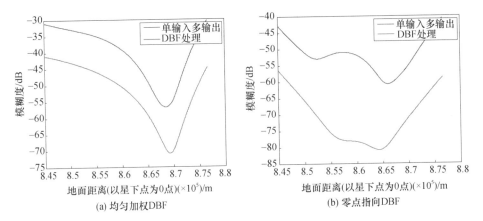

(a) 均匀加权DBF　　　　　　　　(b) 零点指向DBF

图 3.16　距离向单发多收 DBF-SAR 的分布距离模糊度

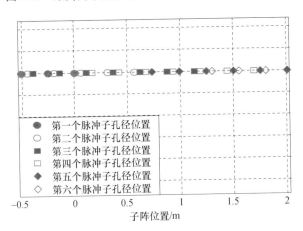

图 3.20　方位采样位置示意图

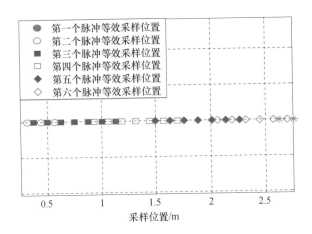

图 3.21　方位等效采样位置图

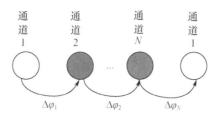

图 3.26  多普勒中心示意图

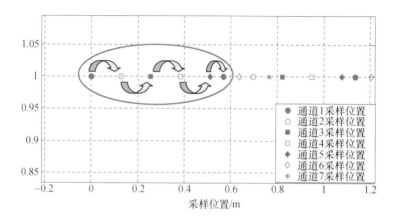

图 3.28  利用多通道数据估计多普勒中心示意图

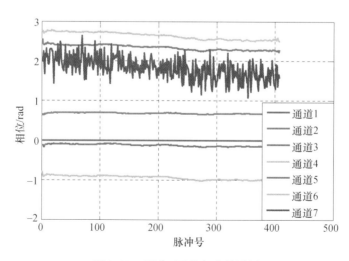

图 3.29  通道不平衡相位估计图

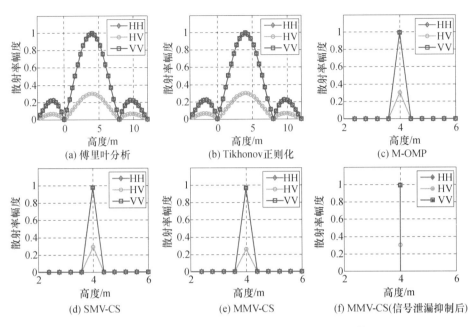

图 4.5　单点目标极化层析 SAR 成像仿真图(情形①)

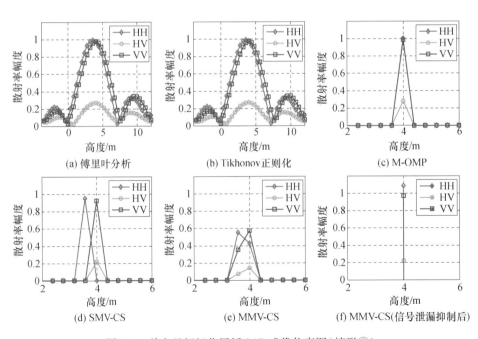

图 4.6　单点目标极化层析 SAR 成像仿真图(情形②)

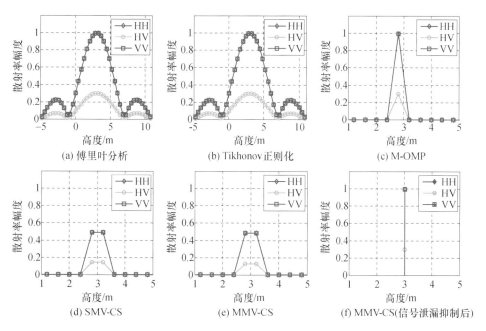

图 4.7　单点目标极化层析 SAR 成像仿真图(情形③)

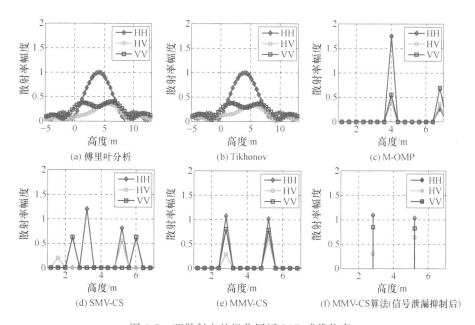

图 4.9　两散射点的极化层析 SAR 成像仿真

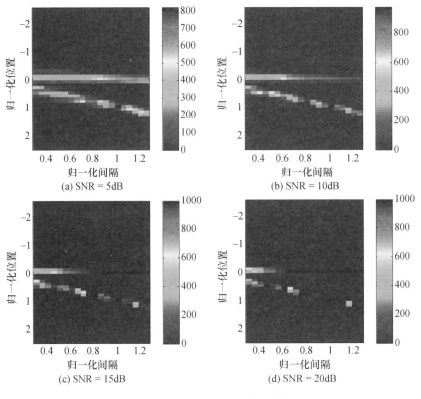

图 4.10　MMV-CS 算法成像统计特性

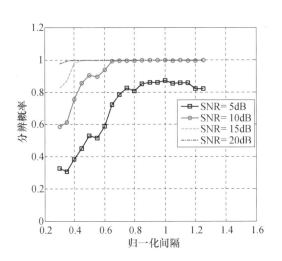

图 4.11　MMV-CS 算法分辨概率与散射点归一化间隔关系

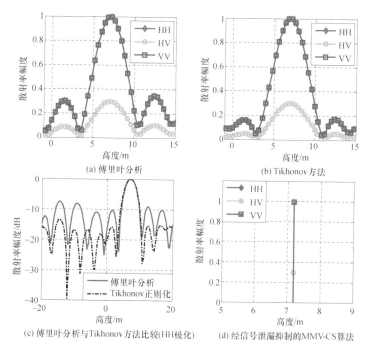

(a) 傅里叶分析

(b) Tikhonov 方法

(c) 傅里叶分析与 Tikhonov 方法比较(HH 极化)

(d) 经信号泄漏抑制的 MMV-CS 算法

图 4.13　非均匀基线条件下单点目标极化层析 SAR 成像结果

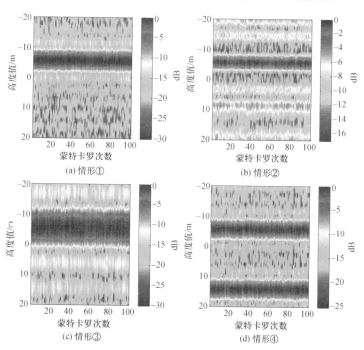

(a) 情形①

(b) 情形②

(c) 情形③

(d) 情形④

图 4.16　Tikhonov 方法成像结果

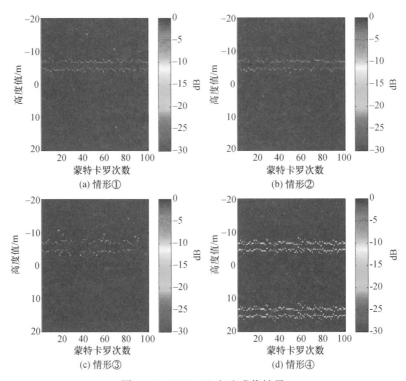

图 4.17　MMV-CS 方法成像结果

图 4.22　实验场地光学图

图 4.23　层析成像实验中的角反射器目标

彩
／
20

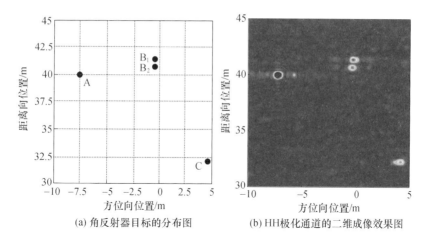

(a) 角反射器目标的分布图　　　　(b) HH极化通道的二维成像效果图

图 4.24　角反射器目标布置及成像效果图

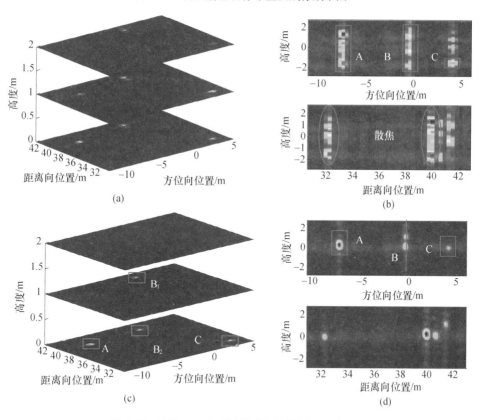

(a)　　　　　　　　　　　　　(b)

(c)　　　　　　　　　　　　　(d)

图 4.25　Tikhonov 方法层析成像结果图(HH 极化)

图 4.30　实验车辆图

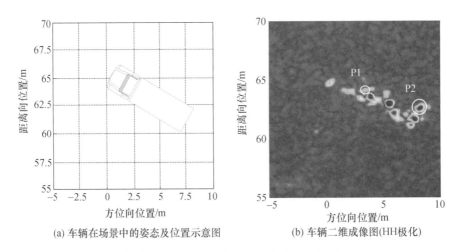

(a) 车辆在场景中的姿态及位置示意图　　　　(b) 车辆二维成像图(HH极化)

图 4.31　车辆目标布置及二维成像效果图

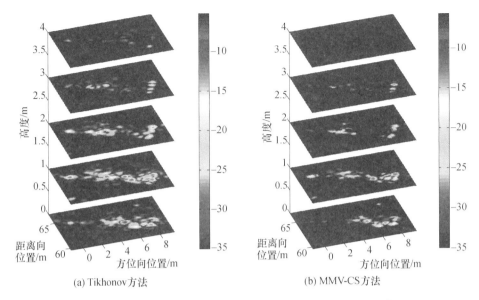

(a) Tikhonov方法　　　　　　　　　　(b) MMV-CS方法

图 4.32　车辆目标极化层析 SAR 三维成像高程切片图(HH 极化)

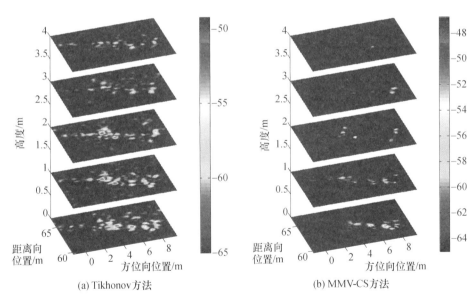

(a) Tikhonov方法　　　　　　　　　　(b) MMV-CS方法

图 4.33　车辆目标极化层析 SAR 三维成像高程切片图(HV 极化)

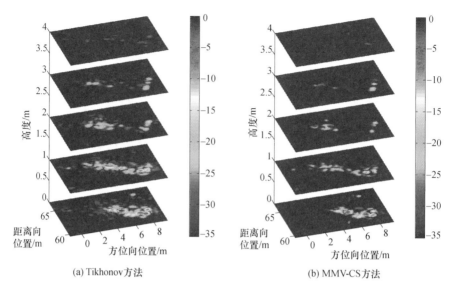

(a) Tikhonov方法　　　　　　　　　　(b) MMV-CS方法

图 4.34　车辆目标极化层析 SAR 三维成像高程切片图（VV 极化）

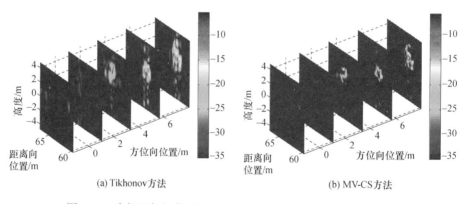

(a) Tikhonov方法　　　　　　　　　　(b) MV-CS方法

图 4.35　车辆目标极化层析 SAR 三维成像方位切片图（HH 极化）

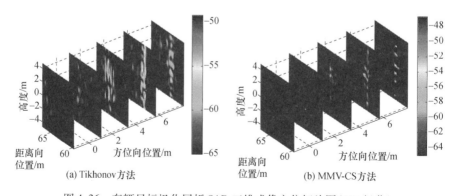

(a) Tikhonov方法　　　　　　　　　　(b) MMV-CS方法

图 4.36　车辆目标极化层析 SAR 三维成像方位切片图（HV 极化）

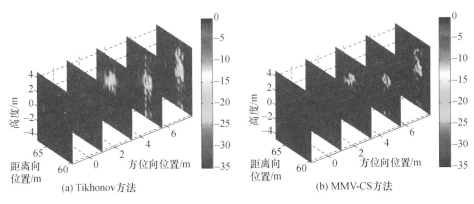

(a) Tikhonov方法　　　　　　　　(b) MMV-CS方法

图4.37　车辆目标极化层析SAR三维成像方位切片图(VV极化)

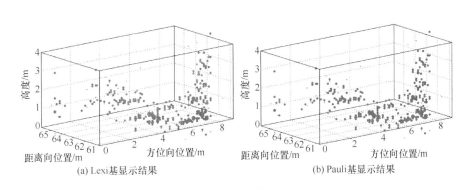

(a) Lexi基显示结果　　　　　　　　(b) Pauli基显示结果

图4.39　车辆目标散射点分布

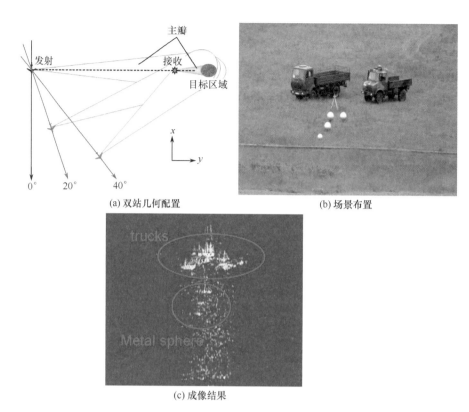

(a) 双站几何配置  (b) 场景布置

(c) 成像结果

图 5.3  德国应用科学研究所的双站前视 SAR 成像实验

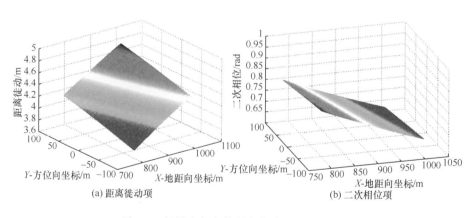

(a) 距离徙动项  (b) 二次相位项

图 5.9  场景中各点的距离徙动和二次相位项

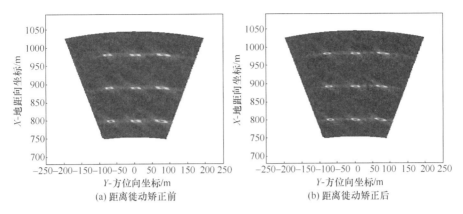

(a) 距离徙动矫正前

(b) 距离徙动矫正后

图 5.10  点目标阵列成像结果

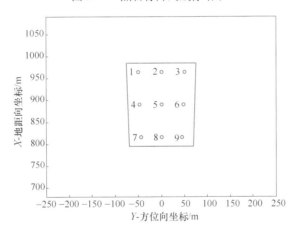

图 5.11  点目标阵列

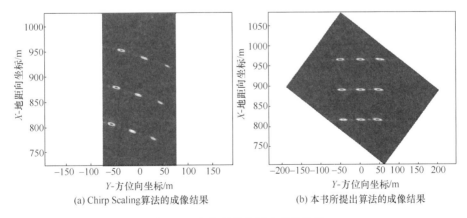

(a) Chirp Scaling算法的成像结果

(b) 本书所提出算法的成像结果

图 5.13  本书所提出算法成像结果